普通高等学校“十四五”规划
艺术设计类专业案例式系列教材

居住空间设计

（第二版）

主　编　黄 鑫　白 颖　戴沂君
副主编　欧阳丽萍

華中科技大學出版社
http://press.hust.edu.cn
中国·武汉

内容提要

本书主要讲解居住空间的基础理论、居住空间的功能要素，以及居住空间的设计方法、材料工艺等内容，着重探讨居住空间的配置方法与空间利用问题。全书共分为 9 章，配图约 300 幅，介绍了大量优秀的居住空间设计案例，供读者学习参考。本书主要作为普通高等院校环境设计、室内设计、建筑装饰设计等专业的教材，也可以作为居住空间设计、施工人员参考的工具书。

图书在版编目（CIP）数据

居住空间设计 / 黄鑫，白颖，戴沂君主编. — 2版. — 武汉：华中科技大学出版社，2023.8

ISBN 978-7-5680-9152-7

Ⅰ.①居…　Ⅱ.①黄…　②白…　③戴…　Ⅲ.①住宅－室内装饰设计－高等学校－教材　Ⅳ.①TU241

中国国家版本馆CIP数据核字(2023)第138931号

居住空间设计（第二版）　　黄鑫　白颖　戴沂君　主编

Juzhu Kongjian Sheji (Di-er Ban)

策划编辑：金　紫

责任编辑：陈　骏

封面设计：原色设计

责任监印：朱　玢

出版发行：华中科技大学出版社（中国・武汉）　　电话：（027）81321913

武汉市东湖新技术开发区华工科技园　　邮编：430223

录　　排：华中科技大学惠友文印中心

印　　刷：湖北新华印务有限公司

开　　本：880mm×1194mm　1/16

印　　张：13

字　　数：280 千字

版　　次：2023 年 8 月第 2 版第 1 次印刷

定　　价：69.80 元

前言

Preface

近年来，随着我国人民生活水平的日渐提高，商品住宅建设的迅猛发展，人们对于自身居住环境的品质越来越重视。居室的设计装修不仅能显示出现代文明对生活环境的改变，也能衡量一个人或家庭认识生活、美化生活的基本修养。对居住空间的塑造，可以提高生活环境质量，使人在良好的环境中享受富有情趣的生活。对于我们大多数人来说，家是纷乱嘈杂世界中的一处宁静港湾，人们是如此热恋着他们的家。鉴于上述情况，无论是一般的家庭自己动手装饰房间，还是设计部门从事专门的居住空间设计，都需要借鉴居住空间设计方面的理论指导和实践资料。

习近平总书记在二十大会议报告中指出，全面建设社会主义现代化国家，必须坚持中国特色社会主义文化发展道路，增强文化自信，围绕举旗帜、聚民心、育新人、兴文化、展形象建设社会主义文化强国，发展面向现代化、面向世界、面向未来的，民族的科学的大众的社会主义文化，激发全民族文化创新创造活力，增强实现中华民族伟大复兴的精神力量。

总书记强调，我们要坚持马克思主义在意识形态领域指导地位的根本制度，坚持为人民服务、为社会主义服务，坚持百花齐放、百家争鸣，坚持创造性转化、创新性发展，以社会主义核心价值观为引领，发展社会主义先进文化，弘扬革命文化，传承中华优秀传统文化，满足人民日益增长的精神文化需求，巩固全党全国各族人民团结奋斗的共同思想基础，不断提升国家文化软实力和中华文化影响力。

居住空间设计是一门集空间、色彩、造型、照明、材料、风格于一体的交叉性学科，是现代科技与艺术的综合体现。居住空间设计是环境艺术设计专业的入门课程，它解决的是在小空间内如何使人居住舒适、方便的问题。空间虽然不大，涉及的问题却很多，包括采光、照明、通风以及人体工程学等，而且每一个问题都和人的日常起居关系密切。因此，如何通过设计，将居住空间打造成既能满足生活、工作、娱乐的功能性要求，又具有深刻的文化内涵以满足人们的精神生活需求的、富有时代特色的生活和工作空间，是各大高等院校居住空间设计教育面临的新使命。

教材就如同一部电影或戏剧的剧本，是进行教学实践和专业训练的根本。本书内容科学、系统，重视居住空间设计基础理论和细节的阐述，文字与图片相呼应，注意理论联系实践，使读者能全面细致地学习居住空间设计相关知识。

本书由黄鑫、白颖、戴沂君担任主编，欧阳丽萍担任副主编，全书编写分工如下：黄鑫编写了第一章、第二章，白颖编写了第三章、第四章第 1 小节，戴沂君编写了第四章第 2 ~ 3 小节、第五章，欧阳丽萍编写了第四章 4 ~ 5 小节和第六章。向芷君、赵媛、康璇、邓雯、范雷、钟傲、李文、郑婧逸、李吉章、桑永亮、田蜜、万阳、徐莉、杨清、朱莹、张刚、邓贵艳、邓世超、张慧娟等参与了本书的编写和资料收集工作。

编　者

2023 年 5 月

目录

Contents

ACCESSORIES
ACCESSORIES

第一章

居住空间设计基础

学习难度：★★☆☆☆

重点概念：空间布局、空间设计、施工图绘制

章节导读

随着文化生活水平的提高和生活习俗的更新，人们对居住条件的要求也发生了很大变化。传统居住空间设计被现代设计取而代之，使居住空间层次更丰富，功能更完善，更富时代感。现代住宅逐渐从以前的独门独宅向高层建筑多室住宅发展，如何分隔居住空间的问题也摆在了设计师的面前。生活中，人们时常对周边的空间不以为意，但它却无时无刻不在影响人们的情绪。同时现代住宅对空间功能的细化及最大化利用，促使人们对居住空间进行合理化评价，从而得到一个舒适、温馨的居住环境（见图1-1、图1-2）。因此，对居住空间合理化设计的探索具有重要的现实指导意义。

图1-1　舒适的居住环境

图1-2　温馨的居住环境

第一节
居住空间设计介绍

居住空间的组合往往由多种因素共同来决定居住空间应满足人的日常生活需要，并使人的精神需求得到满足，使人在此环境空间中生活舒适而不感到紧张、压抑；同时还要考虑安全性与经济性。

一、居住空间设计原则

1. 舒适性原则

居住空间的舒适性直接关乎着人们的生活质量。在影响舒适性的因素中，居住空间的朝向是一个关键因素，设计时应该尽量争取使一个或多个卧室朝向为南，这样可以得到较多的日照并能使空气流通通畅（见图 1–3、图 1–4）。设计时应根据各个房屋的性质及其与环境的关系，合理布置位置，既保证生活的私密性又能满足生活的方便性；设计时对空间形状长、宽、高的比例要选择适中，既避免太小产生压迫感，也不要使房屋尺寸太大而造成空旷、孤寂感。

2. 经济性原则

设计时要明确各个房间的性质，要根据其功能合理分配房间面积。客厅是日常生活的主要地点，其面积应最大；卫生间仅是一个卫生场所，对面积要求不高。过分追求大面积，不仅是一种浪费，而且也会失去家的那种温馨、亲和的感觉，而合理、经济的选择是营造一种小巧、温馨、亲密的空间氛围（见图 1–5）。同时，节能也是至关重要的，如对于房屋朝向的处理关乎着家庭的经济效益。客厅是家庭生活的核心，对采光、温度要求较高（见图 1–6），客厅朝南可保证良好的采光，经济性较好。

图 1–3　空气流通通畅的卧室 (1)

图 1–4　空气流通通畅的卧室 (2)

图 1–5　采光效果好的客厅

图 1-6　温馨的客厅

3. 合理划分功能区原则

居住空间是一定的，所以需要合理划分区间来满足不同的使用要求和功能，使静与动、私密与公共在设计中得到妥善的处理。应做到公私分离、动静分区，确保居住空间的舒适功能，同时使过道流畅，减少干扰，提高居住空间综合利用率。

4. 灵活性原则

对居住空间进行组合时，要按照不同时期、不同住户的需求对其进行重组和分隔。在设计当中可以将某些功能区连接或合并。在不影响房屋整体结构稳定的前提下，尽量减少固定的实体墙，这样就会使房屋空间变得开敞而不封闭。在使用过程中应根据功能的变化而改变空间的尺寸及形态，使其满足灵活隔断和多种用途等功能的要求。

5. 装修适度原则

居住空间氛围在很大程度上由居住空间装修风格来决定。而居住空间装修风格主要由空间尺度、色彩选择以及格调布局来决定。空间尺度的选择要以人为核心，选择合适的相对高度，过高则会使人感到冷漠，而过低又会压抑人的精神。人的心理会随空间色彩的不同产生不同的变化，要使色彩调和适中，不单调枯燥且与居住环境相协调（见图 1-7、图 1-8）。

二、现代居住空间组合的一般形式

现在的居住理念主要以寝食分离为出发点，区别于以前食寝不分的居住形态，从而提高了生活质量，并使居住空间得到合理化利用。对于一般住宅来说，卧室数量和建筑面积是一定的，因此住宅的布局特征就由居住空间的布局形式来反映。现代的住宅内部空间主要由卧室、起居室、

图 1-7　高度调和展示图

图 1-8　色彩调和展示图

小贴士

在居住空间设计中，功能作为内容的一个主导方面，确实对形式的发展起着推动作用，但也不能否认空间形式也有着反作用。一种新的空间形式的出现，不仅适应新的功能要求，还会反过来促使功能朝着新的高度发展。随着我国经济和文化的发展，人们对居住环境的要求也越来越高，在居住空间设计中如何满足人们居住生活的要求才是关键。

厨房、餐室、卫生间、过道、客厅、储藏室、阳台等组成。它们具有不同的使用功能，因而对居住空间布局会产生一定的影响。

三、影响空间布局的因素

影响居住空间布局形式的主要因素有房屋的开口和合围以及分隔空间的方式，由于前者受建筑结构的限制无法轻易更改，因此后者是我们在居住空间设计中研究得较多的因素。居住空间可划分为多个功能空间。随着空间组合方式的不同，其使用性质也在发生改变。而在居住空间的组成中，家具通常起着分隔功能区的重要作用（见图 1-9、图 1-10）。通过在水平方向及垂直方向布置各种家具，采取多种形式对空间进行分隔或合围。因此家具不仅具有使用功能，还可以作为媒介对空间进行分隔。

居住空间组合只要满足生活行为所需的空间即可，根据家庭行为的需要来确定住宅的宽敞程度。对生活区域进行功能区细化，使公共空间与私密空间分离，有效缓解现在住房需求不能满足的状况。

四、当前居住空间设计存在的问题

当前居住空间设计存在许多问题，例如在厨卫设计方面，设计中未考虑洗衣机和冰箱等大物件，导致空间较小，无法固定摆放大物件，此外，高效通风排烟设施还未得到有效改进，造成很大

图 1-9　家具分隔空间展示图 (1)

图 1-10　家具分隔空间展示图 (2)

的居室污染。

五、重视方面及处理方法

1. 分清空间层次

在解决平面与立体交叉空间、闹静空间、食寝空间、卧室私密性等问题的基础上创造安全卫生、舒适安逸的居住环境。起居室、餐厅、晒台、卫生间、厨房带凉台、杂物储藏间等闹区是居住空间核心部位，它关系到居住空间的层次性和使用效果。

2. 注重采光与通风

要充分利用光、风等天然能源，合理设计空间布局，使居住空间拥有更好的自然采光以及自然通风效果(见图 1-11、图 1-12)。

3. 让空间具有美感

采用的设计手法多样，不仅有透、挑、叠等传统手法，还有放、移、收等现代手法；作品造型各异，有稳如宝塔者，亦有险如蘑菇或树枝者，但是无论如何设计都必须以建筑设计规范为准则。

4. 考虑空间的安全

居住空间的安全性设计需要综合考虑各方面因素，如消防疏散、管道排放、栏

图 1-11 自然采光展示图

图 1-12 自然通风展示图

小贴士

住宅建筑楼群的布局受到气候、地理、楼群自身建筑的形式等因素的影响，其中风向与朝向是影响建筑群布局的重要因素。在我国南方地区，主导风向为正南方向与东南方向之间，传统建筑的朝向是正南或偏南方向。作用是防止太阳辐射及暴雨吹袭，南偏西 5° 到南偏东 10° 是最佳的朝向选择。

杆防护，居住空间的防水性、保温隔热性以及施工造价等。对居住空间结构的承载能力及抗震性能要十分重视，并采取各项措施予以保障。

第二节 居住空间设计方法与程序

居住空间设计是空间使用者根据居住空间的功能需求，运用物质技术手段，创造出舒适优美、适合居住的住宅环境而进行的空间创造活动（见图 1–13、图 1–14）。居住空间设计讲究实用功能与艺术审美相结合，创造出满足人们物质和精神生活需求的居住环境是居住空间设计的目的。

图 1–13　居住空间设计展示 (1)

图 1–14　居住空间设计展示 (2)

一、居住空间设计的概念和特点

居住空间设计是综合的空间环境设计，是一门集感性和理性于一体的学科。它不仅要分析好空间体量、人体工程学、家具尺寸、人流路线、建筑结构和工艺材料等理性数据，也要规划好风格定位、喜好趋向、个性追求等感性心理需求。居住空间设计具有以下特点。

1. 强调“以人为本”的设计宗旨

居住空间设计的主要服务对象是人。人是有思想的，与环境是一种互动关系，良好的环境可以促进人的发展。以人为本就是要重视人的需要，以人为中心来进行设计，目的就是创造舒适美观的居住空间环境，满足人们多元化的物质和精神需求，确保人们在居住空间的人身安全和身心健康。

2. 艺术与工程技术结合

居住空间设计强调艺术创造和工程技术的相互渗透与结合。艺术创造主要解决审美的问题，它要求运用各种艺术表现手法，创造出具有表现力和感染力的居住空间形象（见图 1–15、图 1–16），达到最佳的视觉效果。工程技术主要解决设计实施

图 1–15　居住空间设计 (1)

图 1-16　居住空间设计 (2)

图 1-17　居住空间设计 (3)

的问题，它是将设计构思转化为实物的过程，对居住空间设计的发展起到积极的推动作用。同时，新材料、新工艺的不断涌现和更新，也为居住空间设计提供了无穷的设计素材和灵感 (见图 1-17)。

3. 可持续发展

当今社会生活节奏日益加快，居住空间的功能愈加复杂，装饰材料、居住空间设备的更新换代不断加快，居住空间设计的“无形折旧”更趋明显，人们对居住空间环境的审美也随着时间的推移而不断改变。因此，居住空间设计应重视居住空间的功能改变和可持续性发展。

二、居住空间设计的程序

居住空间设计的程序是指完成居住空间设计项目所需的步骤、流程和方法。居住空间设计一般分为 4 个程序，即设计准备、方案设计、方案深化和施工图绘制、设计实施。

1. 设计准备

(1) 接受居住空间使用者的设计委托任务。

(2) 与居住空间使用者进行广泛而深入的沟通，了解居住空间使用者的性格、年龄、职业、爱好和家庭人员组成等基本情况，明确居住空间设计的任务和要求，如居住空间设计的功能需求、房间分布、风格定位、个性喜好、预算投资等。

(3) 到现场了解居住空间建筑构造情况，测量居住空间尺寸，并完成居住空间的初步平面布置方案。

(4) 明确居住空间设计项目中所需材料的情况，掌握这些材料的价格、质量、规格、色彩、防火等级和环保指标等内容，并熟悉材料的供货渠道。

(5) 明确设计期限，制定工作流程，完成初步预算。

(6) 与居住空间使用者商议并确定设计费用，签订设计合同，收取设计定金。

2. 方案设计

(1) 收集和整理与本居住空间设计项目有关的资料与信息，优化平面布置方案，构思整体设计方案，并绘制方案草图。

(2) 优化方案草图，制作设计文件。设计文件主要包括设计说明书、设计意向图、平面布局图、设计构思草图和主要空间的效果图。

3. 方案深化和施工图绘制

通过与居住空间使用者的沟通，确定好初步方案后，就要对设计方案进行完善和深化，并绘制施工图（见图 1–18 ~ 图 1–20）。施工图包括平面图、天花图、电路图、立面图、剖面图、大样图和材料实样图等。平面图主要反映的是空间的布局关系、交通的流动路线、家具的基本尺寸、门窗的位置、地面的标高和地面的材料铺设等内容。天花图主要反映吊顶的形式、标高和材料，照明线路、灯具和开关的布置，空调系统的出风口和回风口位置等内

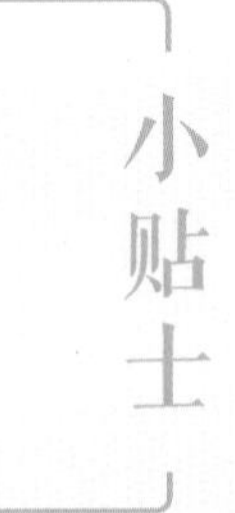

居住空间初步方案文件如下。

(1) 平面图，常用比例 1:50、1:100；

(2) 居住空间立面展开图，常用比例 1:20、1:50；

(3) 平顶图或仰视图，常用比例 1:50、1:100；

(4) 居住空间透视图；

(5) 居住空间装饰材料实样版面；

(6) 设计意图说明和造价概算（初步设计方案需经审定后，方可进行施工图设计）。

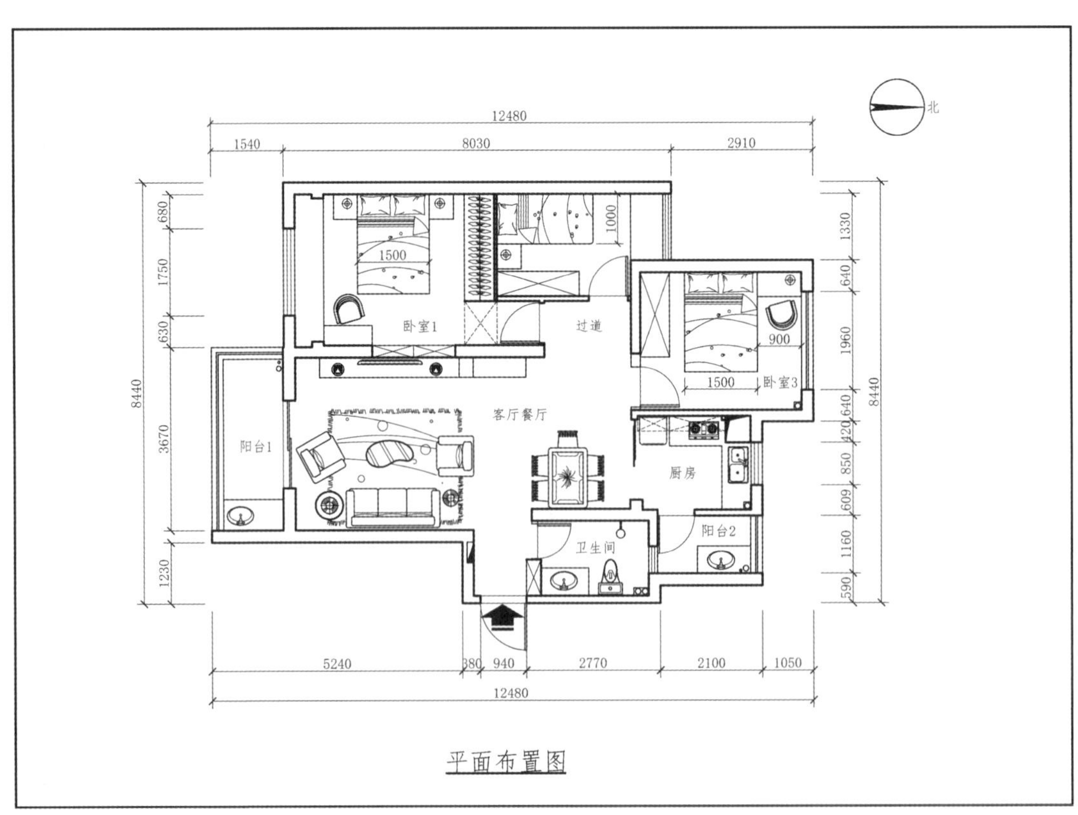

图 1–18　平面布置图

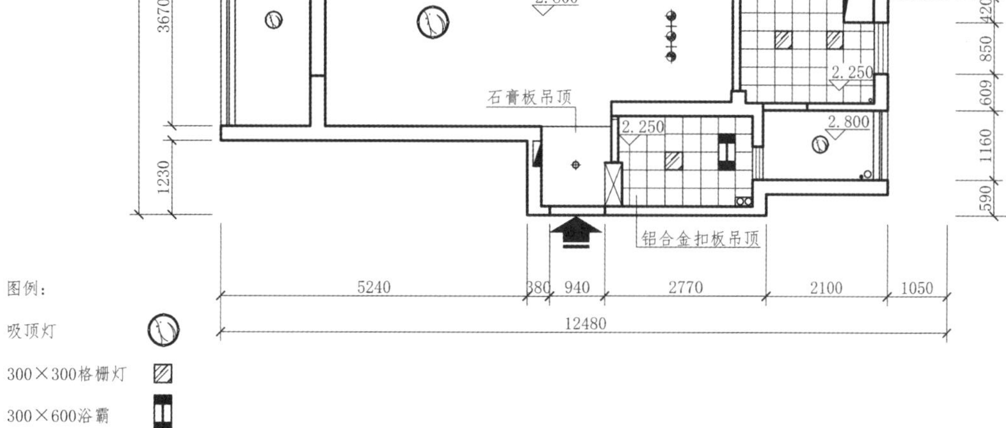

图 1–19　顶面布置图

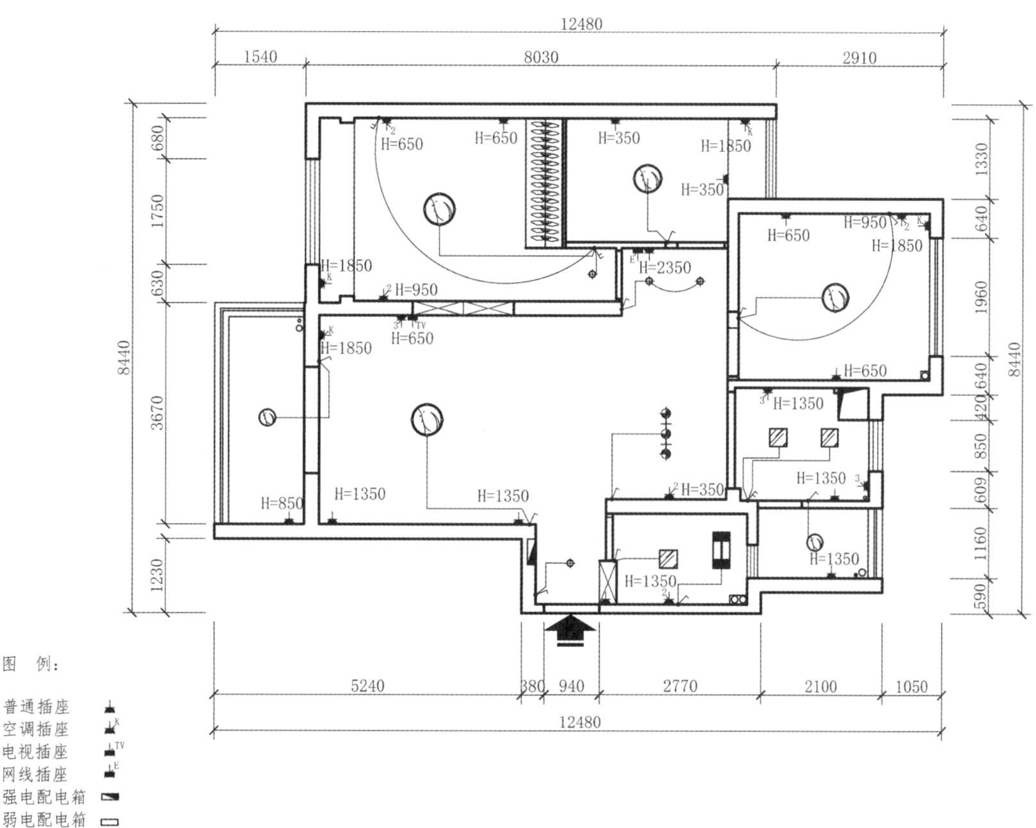

图 1–20　开关布置图

容。立面图主要反映墙面的长、宽、高的尺度，墙面造型的样式、尺寸、色彩和材料，以及墙面陈设品的形式等内容。

4. 设计实施

设计实施是设计师通过与施工单位的合作，将设计图纸转化为实际工程效果的过程。在这一阶段设计师应该与施工人员进行深度的沟通和交流，及时解答现场施工人员所遇到的问题，并进行合理的调整，在合同规定的期限内，高质量地完成工程项目。

三、居住空间设计的方法

这里着重从设计者的思考方法来分析，主要有以下几点。

1. 大处着眼、细处着手

大处着眼是指在着手设计和思考问题时有一个全局观念。细处着手是指具体进行设计时，必须根据居住空间的使用性质，深入调查、收集信息，掌握必要的资料和数据，从最基本的人体尺度、人流路线、活动范围和特点、家具与设备的尺寸及其使用空间等着手。

2. 从里到外、从外到里

任何居住空间设计，应是内部构成因素和外部联系之间相互作用的结果，也就是从里到外、从外到里。居住空间环境的“里”，与一居住空间环境连接的其他居住空间环境，以及至居住空间室外环境的“外”，它们之间有着相互依存的密切关系。设计时需要从里到外，从外到里反复协调，使设计更趋完善、合理。居住空间环境需要与建筑整体的性质、标准、风格相统一，与室外环境相协调（见图 1–21）。

图 1–21　内外协调的室内设计

3. 立意与表达并重

“意在笔先”原指创作绘画时必须先有立意，即深思熟虑，有了“想法”后再动笔，也就是说设计的构思和立意至关重要，所以说，一项设计，没有立意就等于没有“灵魂”，拥有一个好的构思也往往是设计的难度所在。具体设计时意在笔先固然好，但是一个较为成熟的构思，往往需要足够的信息量，有商讨和思考的时间，因此也可以边动笔边构思，即所谓的“笔意同步”。在设计前期和出方案过程中尽量要使立意、构思逐步明确，但关键仍然是要有一个好的构思。对于居住空间设计来说，正确、完整又有表现力地表达出居住空间环境设计的构思和意图，使建设者和评审人员能够通过图纸、模型、说明等全面地了解设计意图，也是非常重要的。

第三节　居住空间设计学习内容与学习方法

要把握好自己的最佳状态，随时都能从生活当中找到灵感来源。抓住大脑中一闪而过的任何亮点，记录下生活中不同的事物，积累和储存它们，这就是在积累和充实自己的创作空间，储存艺术生命。建筑设计师应充分了解建筑所处的地域、自然环境与人文环境，进行大胆的创新设计，使原有的地方色彩带有明显的时代特征，在创作中显示自己的艺术风格和自然的韵味（见图 1-22)。居住空间设计师需要学习以下几点。

一、美术

美术是所有设计的基础。它包括色彩搭配、色彩构成（见图 1-23、图 1-24)，点、线、面构成（见图 1-25、图 1-26)，空间构成。可以这样说，美术能力好的设计师，个人发展更长远。现在的居住空间

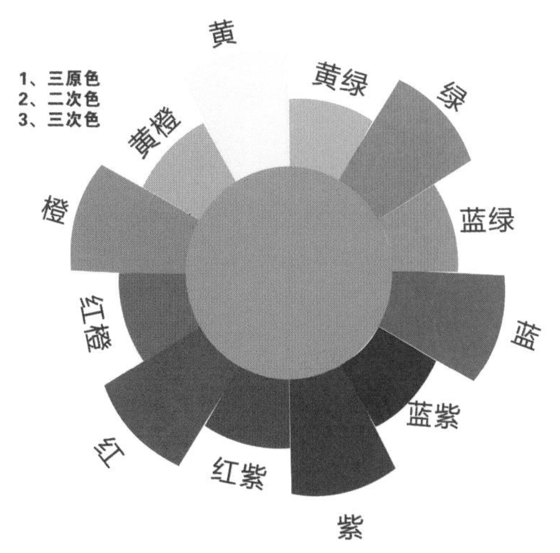

图 1-24　色彩搭配标准体 css 矢量图

图 1-22　优秀室内设计展示

图 1-25　点线面综合构型 (1)

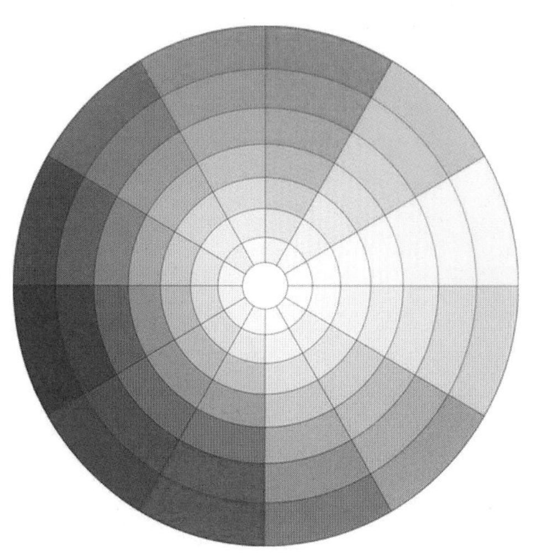

图 1-23　7 环色轮

图 1-26　点线面综合构型 (2)

使用者，很多都会考验设计师的色彩搭配能力，因为装修得再豪华，如果搭配不好，也只是堆砌。如果不是美术专业出身的，那就更要多学习色彩方面的知识。

二、工具软件

设计师的工具软件就和厨师手里菜刀的作用一样。工具软件包括 Photoshop（见图 1−27）、CAD（见图 1−28）、3ds Max（见图 1−29）、Vray、草图大师等。

1. 3ds Max 效果图

利用 3ds Max 可进行建模设计，包括灯光、材质效果图设计（见图 1−30、图 1−31），展示、展台设计等。

2. Photoshop 后期处理

Photoshop 后期处理包括居住空间外效果图后期处理，灯光的处理，植物、人物的添加等。

3. CAD 平面制图

利用 CAD 可绘制居住空间平面施工图（见图 1−32、图 1−33）、节点大样图（见图 1−34、图 1−35）、三维厨卫模型、家具模型等。

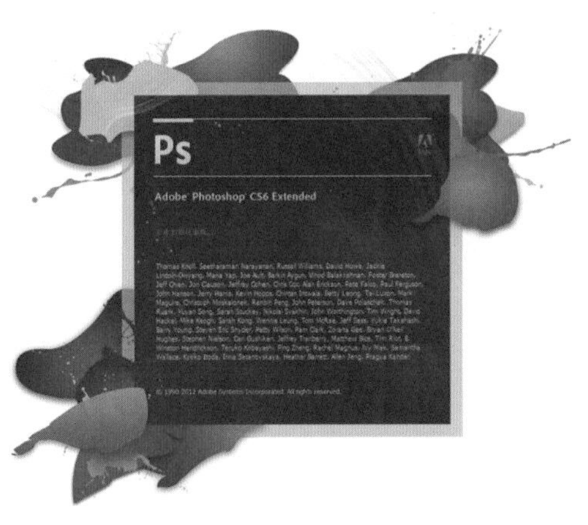

图 1−27　Photoshop CS6

图 1−28　CAD 2012

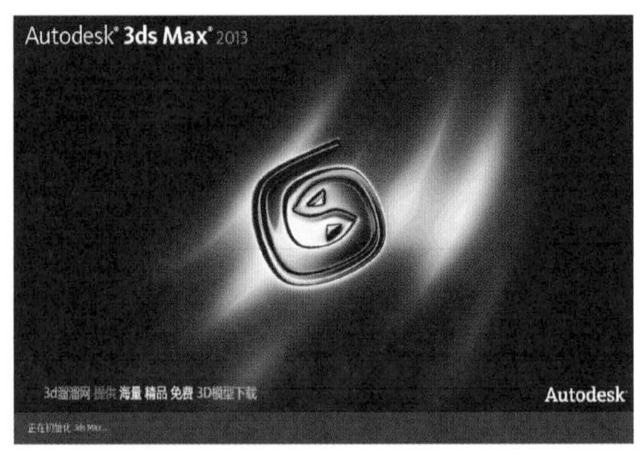

图 1−29　3ds Max 2013

图 1−30　3ds Max 居住空间效果图 (1)

图 1−31　3ds Max 居住空间效果图 (2)

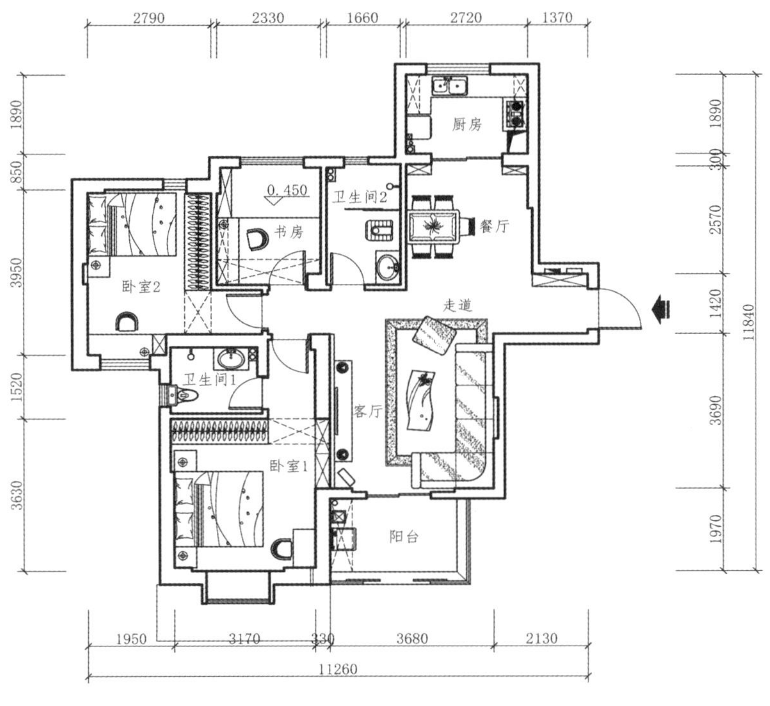

图 1-32　居住空间平面布置图

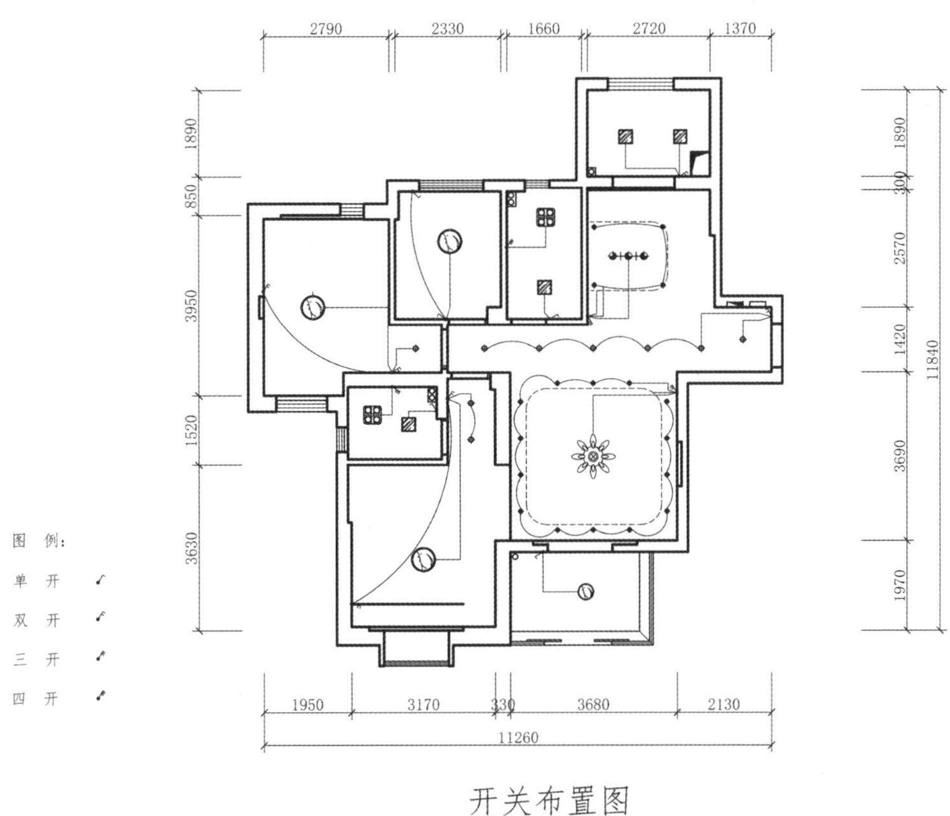

图 1-33　居住空间开关插座布置图

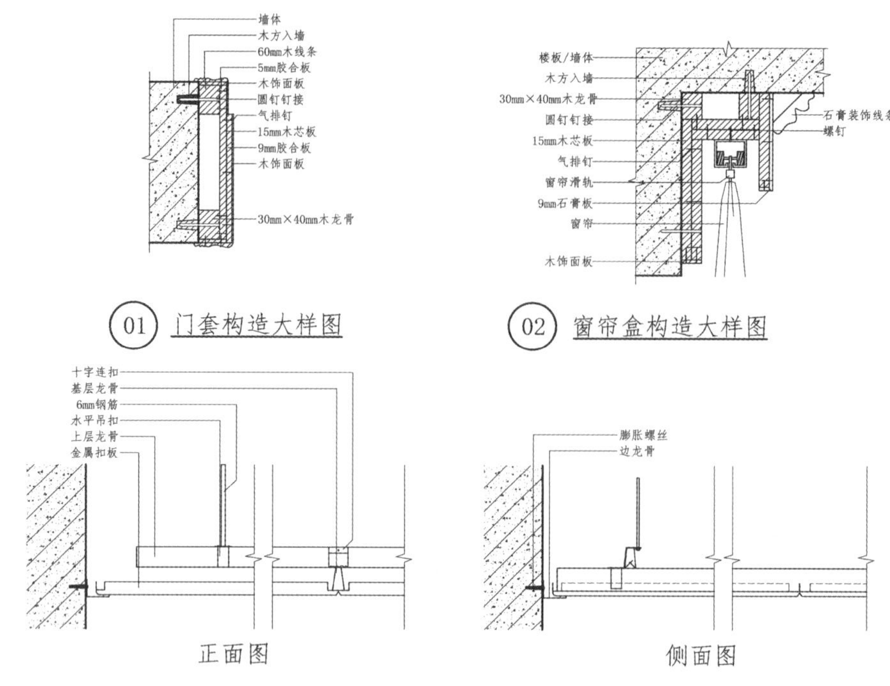

图1-34 居住空间节点大样图(1)

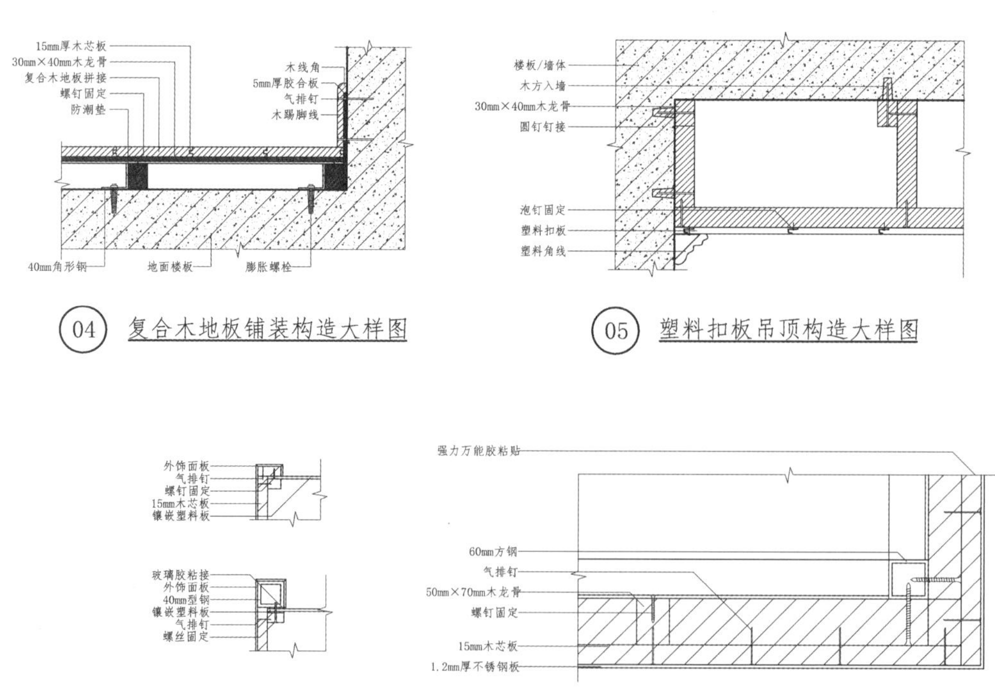

图1-35 居住空间节点大样图(2)

4. Vray 渲染器

Vray 渲染器的使用包括全局光照技术、焦散效果设计、景深效果设计、高动态光照技术（HDR）、灯光和材质运用等。

三、专业理论

专业理论是学习居住空间设计的核心内容。专业理论包括材料、预算、工艺、空间设计、风格、人体工程、展示设计等。

1. 室内建筑装饰构造

主要学习地面、墙面、天花等的装饰构造，为学员绘制剖面图、大样图等施工图打下坚实的基础。

2. 材料与预算

认识并熟悉建筑装饰材料的分类及其使用范围；掌握水泥、石材、陶瓷、玻璃、板材、涂料、织物、塑料、金属、灯具、洁具、胶黏剂等各种材料的性能特点和应用范围；重点学习装饰工程施工预算基本理论知识，掌握工程定额的概念、用途和费用构成规律，能够熟练计算工程量和工程总造价。

3. 施工工艺与技术

了解建筑装饰工程的施工方法和工艺流程，学习施工过程中质量管理的方法。施工工艺流程包括水电工程、防水工程、木质工程、铺装工程、涂饰工程、安装工程等。

4. 装饰设备

主要学习室内建筑给排水工程、通风与空调工程、采暖工程、照明系统等。了解这些工程的特点及其在居住空间设计中的体现，拓展思维层面，完善知识结构。

5. 装饰材料

装饰材料中的各种板材、胶黏材料和五金，是一个庞大的体系，没有几年的工作经验，是无法全面掌握的。作为一个合格的设计师，至少能对每一种材料都认识，能说出个大概，这样才能让居住空间使用者信服。

6. 软装饰

软装饰可独立于居住空间设计，需要有专业人员做专业的讲解。居住空间设计师只需了解大概，不必深究。

四、总结

从当前的设计行业情况看来，居住空间设计是很有开发潜力的专业，因其岗位稳定，薪资待遇良好，是当前人才相对稀缺的工作岗位之一。居住空间设计行业十分适合创业，门槛低，成本小，开展迅速。居住空间设计同时又是一个涉及面比较广的行业，需要学习的东西有很多。

小贴士

要成为优秀设计师需要哪些条件？很重要的一点就是要拓宽自己的知识面。优秀的设计师更注重对使用功能的追求。鉴于这一点，青年学生毕业以后应该多学一点其他专业的知识，如声环境设计、光环境设计、热环境设计等。

第四节
案例分析：日式茶韵雅居

此案例是一个小户型居住空间设计，根据客户需求，营造出一种淡雅温馨的居住氛围。

案例设计是典型的日式装饰风格，淡黄的墙面搭配木质地板，相近的色系不会给人以突兀的感觉，客厅搭配日式风格软装，卧室采用原木家具，给人一种淡泊雅致之感。厨房沿用整体设计风格，干净又简洁，空间分配合理，卫生间空间设计也是如此(见图 1-36 ~图 1-53)。

总体来说，整个设计很好地将日式极简雅致的风格展现出来，简约中不失温馨，空间功能布置也较齐全。

图 1-36、图 1-37，米色墙面搭配中国书画软装饰品，增强空间明亮感的同时起到极好的点缀作用，打破空间空洞感，给整体空间营造了一种温馨的感觉。

图 1-38 ~图 1-41，客厅采用模板作电视机隔断，增强空间层次感和活力感。

图 1-42 ~图 1-45，卫生间设计沿

图 1-37　客厅软装设计 (2)

图 1-38　客厅墙壁处理 (1)

图 1-39　客厅墙壁处理 (2)

图 1-36　客厅软装设计 (1)

图 1-40　客厅墙壁处理 (3)

用整体装修风格，简洁又大方，照明采用白色灯光，干净明亮。同时卫生间也拥有很好的通风效果。

图 1-46，简约风格的厨房营造出一种简洁的效果，空间设计合理。

图 1-47、图 1-48，室内照明设计以暖黄色灯光为主，温馨自然，配合整体装修风格。

图 1-44 卫生间洗漱台

图 1-41 客厅墙壁处理 (4)

图 1-45 卫生间热水器开关

图 1-42 卫生间照明设计

图 1-46 厨房厨灶设计

图 1-43 卫生间地面铺装

图 1-47 室内照明设计 (1)

图 1-49 ~ 图 1-52，室内外家具纯人工打造，比例、尺寸合理，同时安全、环保。

图 1-53，阳台增设盥洗区设计，方便洗衣机安放，空间布局合理。

图 1-48　室内照明设计 (2)

图 1-51　室内家具设计 (3)

图 1-49　室内家具设计 (1)

图 1-52　阳台家具设计

图 1-50　室内家具设计 (2)

图 1-53　阳台盥洗区设计

本 / 章 / 小 / 结

本章介绍了居住空间的含义，对居住空间的设计方法与程序、学习内容与学习方法进行了阐释。在实际应用中，要根据居住空间使用性质的不同，运用物质技术手段和建筑美学原理，创造功能合理、舒适优美、满足人们物质和精神生活需要的室内环境，使其既有使用价值，也能满足精神需求。

思考与练习

1. 什么是居住空间设计？

2. 居住空间设计的方法有哪些？

3. 居住空间设计的施工技术有哪些？

4. 居住空间设计能带给人们怎样的享受？

5. 居住空间设计的学习方法有哪些？

第二章

居住空间设计

章节导读

居住空间可以分为公共空间和居家空间两大类别。当我们提到居住空间设计时，同时会提到的还有动线、空间、色彩、照明、功能等相关术语。其实，居住空间设计泛指能够实际在居住空间建立的任何相关物件，如墙、窗户、窗帘、门、表面处理、材质、灯光、空调、水电、环境控制系统、视听设备、家具与装饰品等的规划。

学习难度：★★★☆☆

重点概念：空间功能、居住空间类型、空间组合、空间序列

居住空间设计一般强调美观与适用兼并。适用性原则是指居住空间能最大限度地满足使用功能。居住空间的使用功能很多，主要有两项：一是为居住空间使用者的活动提供空间环境（见图 2-1），二是满足物品贮存的需要。适用性原则的目的是使居住空间构成预想的生活、工作、学习所必需的环境空间。

美观化原则是指居住空间的装饰要具有艺术性，特别要注意体现个体的独特审美情趣（见图 2-2），不要简单地模仿和攀比，要根据自家居室的大小、空间、环境、功能，以及家庭成员的性格、修养等诸多因素来考虑，只有这样才能显现出个性的美感。不同性格、不同修养、不同爱好、

图 2-1　居住空间的适用性展示 (1)

不同层次的人，对居住空间美观的评价是不会完全一致的，但同时也有默契和共识。居住空间装饰美化的原则，就实质来说，是个性美和共性美的一种辩证统一，是保留个性审美追求，并将共识性的审美观通过个性美的追求体现出来（见图 2-3 ~图 2-6）。

图 2-4　居住空间的美观化展示 (2)

图 2-2　居住空间的适用性展示 (2)

图 2-5　居住空间的美观化展示 (3)

图 2-3　居住空间的美观化展示 (1)

图 2-6　居住空间的美观化展示 (4)

第一节
空间概念与特性

空间是与时间相对的一种物质客观存在形式，但两者密不可分。按照宇宙大爆炸理论，宇宙从奇点爆炸之后，其分裂物便以不同的形式、运动状态而存在，物与物的位置差异度量称为“空间”，位置的变化则由“时间”度量。空间由长度、宽度、高度、大小表现出来，通常指四方（方向）上下。

宇宙空间、网络空间、思想空间、数字空间、物理空间等，都属空间的范畴。地理学与天文学中的空间指地球表面的一部分，有绝对空间与相对空间之分。空间由不同的线组成，线组成不同平面，平面内便是空间。

一、居住空间的概念

随着社会的发展，人们的需求在变，居住空间也相应发生改变，这是一个相互影响、相互联系的动态过程。因此，居住空间的内涵不是一成不变的，而是在不断补充、创新和完善。由古至此，空间概念有了新的发展，居住空间已经突破了六面体的概念。采用平滑的隔板交错组合，使空间成了一个相互交融、自由流动、界限朦胧的组合体。所谓居住空间就是指建筑的内部空间，而设计是指将计划和设想表达出来的活动过程。居住空间设计就是对居住空间进行组合设计的过程。

二、居住空间的特性、要素、造型与尺度

1. 居住空间的特性

居住空间的特性受空间形状、尺度大小、空间的分隔与联系、空间组合形式、空间造型等方面的影响。

2. 居住空间的要素

居住空间由点、线、面、体占据、扩展或围合而成，具有形状、色彩、材质等视觉因素，以及位置、方向、重心等关系要素，尤其还具有通风、采光、隔声、保暖等使用方面的物理环境要求。这些要素直接影响居住空间的形状与造型。

3. 居住空间的造型

居住空间造型决定着空间性格，而空间性格往往又由功能的具体要求而体现，空间的性格是功能的自然流露。

4. 居住空间的尺度

空间的功能往往制约着居住空间的尺度，如过大的居室难以营造亲切、温馨的气氛，过低、过小的居住空间则会使人感到局限与压抑，因此，在设计时要考虑适合人们生理与心理需要的合理的比例与尺度（见图 2-7）。

空间的尺度感不只是在空间大小上得到体现。同一单位面积的空间，许多细部处理的不同也会产生不同的尺度感。如居住空间构件大小，空间的色彩、图案，门窗开洞的形状、大小与位置（见图 2-8），家具陈设的大小（见图 2-9），光线强弱，材料表面的肌理纹路等（见图 2-10），都会影响空间的尺度。

图 2-7　居室空间设计展示

图 2-8　居室门窗设计展示

图 2-9　居室家具设计展示

图 2-10　居室材料设计展示

三、居住空间的功能

1. 居住空间的精神功能

精神功能是在满足物质功能的基础上，从人的文化和心理需求出发，使人们获得精神上的满足和美的享受，将人的爱好、愿望、意志、审美情趣、民族文化、民族象征、民族风格等能充分体现在空间形式的处理和空间形象的塑造上。

2. 居住空间的物质功能

物质功能包括使用上的要求，如空间的面积、大小、形状合适，家具、设备布置合理，交通组织、疏散方便，消防、安全等设施齐全，以及良好的采光、照明、通风、隔声、隔热等的物理环境的创造等。

四、居住空间设计含义

居住空间设计是根据居住空间的使用性质、所处环境和相应标准，运用物质技术手段和建筑美学原理，创造功能合理、舒适优美、满足人们物质和精神生活需要的居住空间环境。这一空间环境既具有使用价值，满足相应的功能要求，同时也反映了历史文脉、建筑风格、环境气氛等精神因素。

对于从不同视角、不同侧重点来分析居住空间设计的含义，许多学者都有着深刻见解，总之一句话，即“给予各种处在居住空间环境中的人以舒适和安全”。

居住空间设计的目的是以人为本，一切围绕为人的生活、生产活动创造美好的居住空间环境（见图 2-11)。现代居住空间设计有很高的艺术性的要求，其涉及内容又有很高的技术含量（见图 2-12、图 2-13),

图 2-11　居住空间展示

图 2-12　现代居住空间设计（一）

图 2-13 现代居住空间设计（二）

图 2-14 砖木结构

并且与一些新兴学科，如人体工程学、环境心理学、环境物理学等关系极为密切。现代居住空间设计已经在环境设计中发展成为独立的新兴学科。

图 2-15 砖混结构

第二节 居住空间类型

现代居住空间种类繁多，主要分为高档住宅、普通住宅、公寓式住宅、别墅等。建筑物按其结构类型的不同，又可以分为砖木结构、砖混结构、钢筋混凝土结构和钢结构四大类。

一、居住空间种类

1. 按楼体结构形式分类

主要分为砖木结构、砖混结构、钢筋混凝土结构、钢结构等。

(1) 砖木结构。用砖墙、砖柱、木屋架作为主要承重结构的建筑（见图 2-14），如农村的屋舍、庙宇等。这种结构建造简单，材料容易准备，费用较低。

(2) 砖混结构。用砖墙或砖柱、钢筋混凝土楼板和屋顶承重构件作为主要承重结构的建筑（见图 2-15），这是目前在住宅建设中建造量较大、普遍采用的结构类型。

(3) 钢筋混凝土结构。即主要承重构件（包括梁、板、柱）全部采用钢筋混凝土结构，此类结构类型主要用于大型公共建筑、工业建筑和高层住宅（见图 2-16）。钢筋混凝土建筑包括框架结构、框架 - 剪力墙结构、框 - 筒结构等。目前 25 ~ 30 层的高层住宅通常采用框架 - 剪力墙结构。

(4) 钢结构。主要承重构件全部由钢材制作，它自重轻，能建超高摩天大楼（见图 2-17），又能制成大跨度、高净高的空间结构，特别适合大型公共建筑。

图 2-16　钢筋混凝土结构

图 2-17　钢结构

小贴士

居住空间的构成实质上是由家庭活动的性质决定的，范围广泛，内容复杂。根据居住空间家庭生活行为分类，居住空间的内部活动区域可以归纳为个人活动空间、公共活动空间、家务活动空间和辅助活动空间等。它们在居住空间环境中既具有一定的独立性，彼此又有一定的关联。

2. 按楼体建筑形式分类

主要分为低层住宅、多层住宅、中高层住宅、高层住宅、其他形式住宅等。

3. 按房屋类型分类

主要分为普通单元式住宅、公寓式住宅、复式住宅、跃层式住宅、花园洋房式住宅、小户型住宅等。

4. 按房屋政策属性分类

主要分为商品房、廉租房、已购公房（房改房）、经济适用住房、住宅合作社集资建房等。

二、低层住宅

低层住宅主要是指独立式住宅（见图 2-18）、联立式住宅和联排式住宅（见图 2-19）。与多层和高层住宅相比，低层住宅

图 2-18　独立式住宅

图 2-19　联排式住宅

具有自然的亲和性，适合儿童或老人生活，住户间干扰少，有宜人的居住氛围。这种住宅虽然为居民所喜爱，但受到土地价格与利用效率，市政及配套设施、规模、位置等客观条件的制约，在供应总量上有限。

三、多层住宅

多层住宅(见图 2-20) 主要借助公共楼梯实现垂直交通，是具有代表性的城市集合住宅之一。它与中高层住宅和高层住宅相比，有如下几方面的优势。

1. 建设投资

多层住宅不需要像中高层住宅和高层住宅那样增加电梯、高压水泵、公共走道等方面的投资。

2. 户型设计

多层住宅户型设计空间比较大，居住舒适度较高。

3. 结构施工

多层住宅通常采用砖混结构，因而多层住宅的建筑造价一般较低。

但多层住宅也有不足之处。首先，底层和顶层的居住条件不算理想，底层住户的安全性、采光性差，顶层住户因不设电梯而上下不便。此外，屋顶隔热性、防水性差。其次，由于设计和建筑工艺定型，使得多层住宅在结构上、建材选择上、空间布局上难以创新，形成“千楼一面、千家一样”的弊端。如果要有所创新，需要加大投资，但又会失去价格成本方面的优势。

多层住宅的平面类型较多，基本类型有梯间式、走廊式和独立单元式。

四、小高层住宅

一般而言，小高层住宅(见图 2-21) 主要指 7 层到 10 层高的集合住宅。从高度上说具有多层住宅的氛围，但又是较低的高层住宅，故称为小高层。对于市场推出的这种小高层，似乎是走一条多层与高层的中间之道。这种小高层与多层住宅相比有如下特点。

1. 容积率高

建筑容积率高于多层住宅，节约土地，房地产开发商的投资成本较多层住宅有所降低。

2. 设计空间大

这种小高层住宅的建筑结构大多采用

图 2-20 多层住宅

图 2-21 小高层住宅

钢筋混凝土结构，从建筑结构的平面布置角度来看，则大多采用板式结构，在户型方面有较大的设计空间。

3. 品质高

由于设有电梯，楼层又不是很高，增加了居住的舒适感。但由于容积率的限制，与高层相比，小高层的价格一般比同区位的高层住宅高，这就要求开发商在提高品质方面花更大的心思。

五、高层住宅

高层住宅(见图 2-22)是城市化、工业现代化的产物，依据外部形体可将其分为塔楼和板楼。

1. 高层住宅的优点

高层住宅土地使用率高，有较大的室外公共空间和设施，眺望性好，建在城区具有良好的生活便利性，对买房人有很大的吸引力。

2. 高层住宅的缺点

高层住宅，尤其是塔楼，在户型设计方面增大了难度，在每层内很难做到每个户型设计的朝向、采光、通风都合理。而且高层住宅投资大，建筑的钢材和混凝土消耗量都高于多层住宅，要配置电梯、高压水泵，增加公共走道和门窗，另外还要为修缮、维护这些设备付出经常性费用。高层住宅内部空间的组合方式主要受住宅内公共交通系统的影响。按住宅内公共交通系统分类，高层住宅分单元式和走廊式两大类。其中单元式又可分为独立单元式和组合单元式，走廊式又分为内廊式、外廊式和跃廊式。

六、超高层住宅

超高层住宅(见图 2-23)多为 30 层以上。超高层住宅随着建筑高度的不断增加，其设计的方法和施工工艺较普通高层住宅和中、低层住宅会有很大的变化，需要考虑的因素会大大增加。例如，消防设施、通风排烟设备和人员安全疏散设施会更加复杂，同时其结构本身的承载能力也会大大加强。此外，超高层建筑由于高度

图 2-22　高层住宅

图 2-23　超高层住宅

突出，多受人瞩目，外墙面的装修档次较高，因而其成本也很高。若建在市中心或景观较好的地区，虽然住户可欣赏到美景，但对整个地区来讲却不协调。因此，许多国家并不提倡多建超高层住宅。

七、单元式住宅

单元式住宅(见图 2-24)，又叫梯间式住宅，是以一个楼梯为几户服务的单元组合体，一般为多层、高层住宅所采用。每层以楼梯为中心，安排户数较少，一般为 2 ~ 4 户，大进深的空间每层可服务于 5 ~ 8 户。住户由楼梯平台进入分户门，各户自成一体。户内生活设施完善，既减少了住户之间的相互干扰，又能适应多种气候条件。建筑面积较小，户型相对简单，可标准化生产，造价经济合理。仍保留一定的公共使用面积，如楼梯、走道、垃圾道，有助于保持一定的邻里交往，改善人际关系。

图 2-24　单元式住宅

八、公寓式住宅

公寓式住宅(见图 2-25)是区别于独院、独户的西式别墅住宅而言的。公寓式住宅一般建在大城市里，多数为高层楼房，标准较高；每一层内有若干单户独用的套房，包括卧房、起居室、客厅、浴室、厕所、厨房、阳台等；有的附设于旅馆、酒店之内，供一些常常往来的中外客商及其家属中短期租用。

图 2-25　公寓式住宅

九、花园式住宅

花园式住宅(见图 2-26)一般称为西式洋房或小洋楼，也称花园别墅。一般都是带有花园草坪和车库的独院式平房或二、三层小楼，建筑密度很低，内部居住功能完备，装修豪华并富有变化。住宅内水、电、暖供给一应俱全，户外道路、通信、购物、绿化也都有较高的标准，一般是高收入者购买。

图 2-26　花园式住宅

十、跃层式住宅

跃层式住宅(见图 2–27) 是指住宅占有上下两个楼面，卧室、起居室、客厅、卫生间、厨房及其他辅助空间可以分层布置，上下层之间不通过公共楼梯而采用独用小楼梯连接。每户都有较大的采光面，通风较好；户内居住面积和辅助面积较大；布局紧凑，功能明确，相互干扰较小。

十一、复式住宅

复式住宅(见图 2–28) 一般是指每户住宅在较高的楼层中增建一个夹层，两层合计的层高要大大低于跃层式住宅(复式为 3.3 米，而一般跃层式为 5.6 米)，其下层供起居用，如炊事、进餐、洗浴等；上层供休息、日常活动用。优点：①平面利用率高，夹层可使住宅的使用面积增多 50% ~ 70%；②户内隔层为木结构，将隔断、家具、装饰融为一体，既是墙，又是楼板、床、柜，降低了综合造价；③上层采用推拉窗户，通风采光好，与层高和面积相同的住宅相比，土地利用率可提高 40%。缺点：①复式住宅面宽大、进深小，如采用内廊式平面组合必然导致一部分户型朝向不佳，自然通风、采光较差；②层高过低，如厨房只有 2 米高度，使用易产生局促感，贮藏间层高只有 1.2 米，很难充分利用；③由于住宅空间的隔断、楼板均采用轻薄的木隔断，木材的成本较高且隔音、防火功能差，房间的私密性、安全性较差。

十二、智能化住宅

智能化住宅(见图 2–29) 是指将各种家用自动化设备、电器设备、计算机及网络系统与建筑技术和艺术有机结合，以获得一种居住安全、环境健康、经济合理、生活便利、服务周到的居住体验，使人感到温馨舒适，并能激发人的创造性的住宅型建筑物。一般认为具备安全防卫自动化，身体保健自动化，家务劳动自动化，文化、

图 2–27　跃层式住宅

图 2–28　复式住宅

图 2–29　智能化住宅

娱乐、信息自动化的住宅为智能化住宅。大量内附计算机硬件与软件的仪表、仪器、装备和系统，均可称为“电脑化”，但不一定是智能化。必须采用某种人工智能技术，使该仪表、仪器、装备和系统具有一定的智能功能，方可称为智能化。

十三、退台式住宅

退台式住宅(见图 2-30)又称为“台阶式”住宅，因其外形类似于台阶而得名。这类住宅的建筑特点是住宅的建筑面积由底层向上逐层减小，下层多出的建筑面积成为上层的一个大平台，面积要大大超过一般住宅凸出或凹进的阳台面积。退台式住宅的优点是，住户都有较大的屋外活动空间，同时也有良好的采光和通风效果；缺点在于，一部分建筑空间转作平台，建筑容积率减小，占地较多，因此，地价在总造价中的比重提高。目前，国内建造的退台式住宅，都属于价格较高的中高档住宅，一般建在地价较低的郊外住宅区或旅游度假区，一些低层的独立式别墅住宅，也常采用退台式设计。

图 2-30 退台式住宅

小贴士

居住空间的影响因素如下。

1. 社会生产力发展水平因素；
2. 自然环境因素；
3. 基础设施环境要素；
4. 社会心理因素；
5. 交通费用和住房费用因素。

第二节 空间组合设计

一、围合与分隔

在居住空间组合设计中，围合是一种基本的空间分隔方式和限定方式。围合有内外之分，至少要有两个方向的面才能成立；而分隔是将空间再划分成几部分。有时围合与分隔的要素是相同的，围合要素本身可能就是分隔要素。在这个时候，围合与分隔的界限就不那么明确了。如果一定要区分，那么对于被围起来的内部，即这个新的“子空间”来说就是“分隔”了。在居住空间中，利用某些材料要素再围合成一些小区域并使空间有层次感，既能满足使用要求，又给人以精神上的享受。例如，中国传统建筑中的花罩(见图2-31)和屏风(见图2-32)就是典型的分隔形式，把空间分为书房、客厅以及卧室等几部分，划分了区域也装饰了居住空间(见图2-33)。

图2-31　花罩

图2-32　屏风

图2-33　分隔式空间设计

二、覆盖

在居住空间组合设计中，对自然空间进行限定，只要有了覆盖就有了居住空间的感觉。四周围得再严密，如果没有顶的话，虽有向心感，但也不能算是居住空间；而一个茅草亭子，哪怕它再简陋破旧，也会给人居住空间的感觉。在居住空间里用覆盖的要素进行限定，可以有许多心理感受。例如在空间较大时，人离屋顶距离远，感觉不那么明确，就在局部加顶，进行再限定。有时为了改变原来屋顶给人的视感，也可以用不同的材料重新设置覆盖物(见图2-34、图2-35)，软化整个环境的情调。在居住空间设覆盖物还使人有身处室外的感觉。例如在一些大空间特别是旅馆的中庭中，人坐的部分采用一个个装饰性垂吊

图2-34　覆盖式空间设计(1)

图2-35　覆盖式空间设计(2)

物，或遮阳伞，或灯饰，或织物等，再加上周围的树木，花鸟，水体，天光等因素，仿佛置身于大自然的怀抱中，这正符合在居住空间创造室外感觉的意图。因为人本来与自然有种难以割舍的亲切关系。在居住空间环境中，使人有自然感、室外感，是对人性的回归。因此，有时有意识地在居住空间设计中运用室外因素可以给人带来心理愉悦。

三、抬起与下凹

在居住空间组合设计中，抬起与下凹是通过变化地面高差来达到限定的目的，使限定过的空间在母空间中得到强调或与其他部分空间加以区分。对于在地面上运用下凹的手法(见图 2-36)来说，效果与低的围合相似，但更具安全感，受周围的干扰也较小。因为低本身就不太引人注目，不会有众目睽睽之感，特别是在公共空间中，人在下凹的空间中心理上会比较自如和放松。有些家庭的起居室中也常把一部分地面降低，沿周边布置沙发，使家的亲切感更强，更像一个远离尘世的窝。抬起与下凹相反，可使这一区域更加引人注目(见图 2-37)，像教堂中的讲坛和歌厅中的小舞台就是为了使位置更加突出，以引起人们的视觉注意。在居住空间中这些手法不仅可在地面上做文章，也可以在墙面或顶面上出现，如“凹入”“凸出”或“下吊”等。不过这些都有一定尺度上的限制，“下吊”部分过大，人们可认为是“覆盖”，墙面上“凹入”或“凸出”部分过多，人们又可看作是另一个空间，而如果尺度过小，又可能被看成是肌理变化。当然这仅是相对而言。

四、肌理变化

对居住空间的限定来说，肌理变化可以说是较为简便的方法。以某种材料为主，局部换另一种材料，或者在原材料表面进行特殊处理，使其表面枝干发生变化(如抛光、烧毛等)都属于肌理变化。有时不同材料肌理的效果可以加强导向性和功能的明确性，不同材料肌理的运用也可以影响空间的效果，而且用肌理变化还可组成图案进而作为装饰等。对居住空间的空间再限定往往是多次的，也就是同时用几种限定方法对同一空间进行限定，例如在围合的一个空间中又加上地面的肌理变化如石材(见图 2-38)、地毯(见图 2-39)等，

图 2-36 下凹式空间设计

图 2-37 抬起式空间设计

图 2-38　石材式肌理变化空间设计

图 2-39　地毯式肌理变化空间设计

同时顶部又进行了覆盖或下吊等，这样可以使这一部分的区域感明显加强。

五、从满足领域感和私密性角度分析分隔

空间的分隔和联系是居住空间组合设计的重要内容。分隔的方式决定了空间之间联系的程度，分隔的方法则在满足不同的分隔要求的基础上，创造出美感、情趣和意境。从满足领域感和私密性角度分析如下。

1. 绝对分隔

绝对分隔以实体墙面分隔空间（见图 2-40），达到隔离视线、温湿度、声音的目的，形成独立的一个空间，具有很强的私密性。

图 2-40　绝对分隔

2. 相对分隔

相对分隔通过屏风、隔断等，使空间不完全封闭（见图 2-41），具有一定流动性，空间界限不十分明确。这种分隔形式形成的领域感和私密性不如绝对分隔来得强烈。

图 2-41　相对分隔

3. 意向分隔

意向分隔也就是所谓的象征性分隔，主要通过非实体的局部界面进行象征性的心理暗示，形成一定的虚拟场所，以实现视觉心理上的领域感。具体手法如下。

(1) 建筑结构与装饰构架。利用建筑本身的结构和内部装饰构架进行分隔，以简练的流线要素组成通透的虚拟界面。

(2) 隔断与家具。利用隔断和家具分隔，具有较强的领域感。隔断以垂直面的

图 2-42　家具意向分隔

图 2-43　绿化意向分隔

分隔为主，家具以水平面的分隔为主(见图 2-42)。

(3) 光色与材质。利用色彩的明度、纯度变化，材质的光滑、粗糙对比，照明的配光形式区分，促使领域感的形成。

(4) 界面凹凸与高低。利用墙面的凹凸与地面、天花吊顶的高低变化进行分隔，使空间带有一定的展示性和领域感，富有戏剧效果和浪漫情调。

(5) 陈设与装饰。利用陈设和装饰分隔，使空间具有较强的向心感。既容易形成视觉重心，也容易产生领域的感觉。

(6) 水体与绿化。通过不同造型的水体与绿化的分隔，不但能美化环境和扩大空间感，还能使人亲近自然的心理得到一定满足(见图 2-43)。

居住空间作为人们活动的主要场所，其所要解决的功能要求及所要处理的空间关系，比室外都要细致、复杂得多。在电脑化、数字化的社会环境中，居住空间设计的宗旨就是为了方便人们各种各样的生活，让人们在居住空间中把主要精力和更多时间投入到自己的个性化生活中去。

小贴士

领域感的形成和私密性的满足是居住空间造型设计中一个不可或缺的内容。只有领域感形成了，才谈得上满足其私密性，而领域感的形成具体说来就是依靠各种不同方式的空间分隔处理，以满足人们对居住空间的开放性或私密性要求。

第四节
空间序列与调节

空间序列是指空间的先后顺序，是设计师按建筑功能给予合理组织的空间组合。各个空间之间有着顺序、流线和方向的联系。空间序列设计的构思、布局与处理手法是根据空间的使用性质而变化的。

一、空间序列的概念

空间序列是指按一定的流线组织空间的起、承、开、合等转折变化。室内设计应服从这一序列变化，突出变化中的协调美(见图 2-44)。在规划设计中以“均好景观”为设计的主导思路，注重城市空间及环境相互关联，强调其空间的连续组织及关系，强调一种有机的秩序感。

二、空间序列的发展阶段

1. 开始阶段

开始阶段是序列设计的开端，预示即将展开的内幕，如何创造出具有吸引力的空间氛围是其设计的重点(见图 2-45)。

2. 过渡阶段

过渡阶段是序列设计中的过渡部分，是培养人的感情并引向高潮的重要环节，具有引导、启示、酝酿、期待和引人入胜的功能。

图 2-44　空间序列设计展示 (1)

图 2-45 空间序列设计展示 (2)

3. 高潮阶段

高潮阶段是序列设计中的主体，是序列的主角和精华所在，让人在环境中获得激发情绪，产生心理满足感。

4. 结束阶段

结束阶段是序列设计中的收尾部分，主要功能是由高潮回复到平静，也是序列设计中必不可少的一环。精彩的结束设计，要达到使人去回味、追思高潮后的余音之效果。

三、空间序列设计

空间序列设计是由设计师根据设计空间的功能要求，有针对性地、灵活地进行创作的。任何一个空间的序列设计都必须结合色彩、材料、陈设、照明等方面来实现(见图 2-46)。要注意以下几点。

1. 导向性

所谓导向性，就是以空间处理手法引导人们行动的方向性。设计师常常运用美学中各种韵律构图和具有方向性的形象类构图，作为空间导向性的手法。在这方面可以利用的要素很多，例如利用墙面不同的材料组合，柱列、装饰灯具和绿化组合(见图 2-47)，天棚及地面利用方向的彩带图案、线条等强化导向。

2. 视线的聚焦

在空间序列设计中，利用视线聚焦的规律，有意识地将人的视线引向主题。

3. 空间构图的多样与统一

空间序列的构思是通过若干相互联系

图 2-46　空间序列设计展示 (3)

图 2-47　空间序列设计展示 (4)

的空间，构成彼此有机联系、前后连续的空间环境，它的构成形式随着功能要求而变化，因此既具有统一性又具有多样性。

四、环境空间的表现形式

城市环境空间是指为城市居民提供的公共活动空间，如街道、广场、庭园等，而各种景观设施，以它们的形态、体量、位置，影响并塑造着人们对城市环境空间的视觉感受。城市环境空间与人们的活动交织在一起时，人们又会以自己的前后左右的位置及远近高低的视角，在对周围物体的观照中形成各种不同的空间感受及空间心理审美。

五、序列空间的创造原则

序列空间的创造是居住空间属性要素，即点(景观点)、线(道路)、面(广场)相互结合、共同作用的结果，这就要求无论动态的交通空间还是静态的休闲场所，是和谐的流动还是跳跃的变化，都需从居住整体环境目标出发，对散乱的城市空间施以重整。

六、空间的虚实

实，即实实在在的物体。虚，即视觉形态与其真实存在的不一致。通过空间的围护面创造空间的虚实关系。如城市公园的围墙，采用通透式围栏，围而不挡，让里面的景物以虚的形式展现在大街旁，增加城市的宽敞感和美感。从视觉上讲，明暗关系也是虚实关系的延伸。景观设立在怎样的明暗关系中，在设计前就需进行整体的构想，明确“光”的意识，否则就会形成空间视觉的明暗失调、色彩对抗，或亮闪闪的一片，形成“光污染”。

1. 虚中有实

以点、线、实体构成虚的面来形成空间层次(见图 2-48、图 2-49)，如马路边上的树，广场中的照明系统、雕塑小品等都能产生虚中有实的围护面，只不过对空间的划分较弱。

2. 虚实相生

围护面有虚有实，不挡视线，如建筑

图 2-48　虚中有实的空间设计 (1)

物的架空底层、牌坊等。它既能有效划分空间又能使视线相互渗透（见图 2-50）。

3. 实中有虚

围护面以实为主，局部采用门洞、景窗等（见图 2-51、图 2-52），使景致相互借用，而这两个空间彼此较为独立。

4. 实边漏虚

围护面完全以实体构成，但其上下或左右漏出一些空隙，虽不能直接看到另一空间，但却暗示另一空间的存在（见图 2-53、图 2-54），并引导人们进入。

图 2-49　虚中有实的空间设计 (2)

图 2-50　虚实相生的空间设计

图 2-51　实中有虚的空间设计 (1)

图 2-52　实中有虚的空间设计 (2)

图 2-53　实边漏虚的空间设计 (1)

图 2-54　实边漏虚的空间设计 (2)

小贴士

明是实，暗是虚，它可以是构成物的采光、亮度、阴影部分，也可以是物体表面的装饰色彩，还可以是物体对材料反光形成的效果。采光强、反光鲜明、色彩鲜艳的设施，因其色彩醒目而形成明的、实的效果；采光弱、阴影多、反光差、色泽深沉的设施不醒目，因而具有隐退的感觉，形成暗的、虚的效果。

第五节　案例分析：小户型居住空间设计案例

此案例是一个面积为 92 m^2 的小户型设计，根据客户需求，表现出一种高雅且温馨的环境，以橙色作为主打色，辅以天蓝色展现出海天相接、落日余晖的感觉，是一种典型的波西米亚设计风格。波西米亚风格也是地中海式风格，代表的是一种特有居住环境造就的休闲的生活方式，具有另类、奢华、个性及高贵等特点，单纯、典雅而且舒适。

案例设计的客厅是典型的地中海式风格，橙色的墙面搭配木质地板，相近的色系不会给人以突兀的感觉，一个平开凸窗将采光效果提升数倍，布艺沙发很好地融入到整个波西米亚风格之中，三幅简单的画作也表达了一种自由的搭配。卧室用蓝色的墙面加上白色的家具，给人一种身处海洋的感觉，独立式厨房采用白色的风格，既干净又简洁，合理的空间分配完全不显拥挤。折中型卫生间将洗手池放在外面，可以多人使用，较为节省空间。

这个设计很好地将波西米亚风格展现出来，高贵中不失温馨，古典却功能齐全，作为小型家居是一个非常温馨的设计，将空间完美地利用，把小户型做出了大空间的感觉（见图 2-55 ~图 2-70）。

图 2-55、图 2-56，橘黄色墙面配合木质地板的客厅有十分温暖的感觉，一扇

图 2-55　客厅电视柜设计

图 2-56　客厅沙发设计

大平开凸窗有着出色的采光效果，同时也开阔了视野，米色的布艺沙发复古中却又不失现代风格，一扇蓝色的假窗无形中拓宽了空间，营造了一种温馨的感觉。

图 2-57、图 2-58，波西米亚式餐厅用一个储物柜将客厅和餐厅隔断开来，形成两个相对独立的空间，蓝色加红棕色的桌椅不会给人以突兀的感觉，卡通饰品让整个空间多了一些童趣，显得十分融洽。

图 2-59，蓝色墙面配合白色家具，让人有种身处海上的感觉，清新而淡雅，简洁又大方，桌前一扇平开窗承担了整个书房的采光，具有很好的通风效果。

图 2-60、图 2-61，卧室采用地中海风格，高贵而自由，白色的家具让人有种宁静的感受，一扇玻璃推拉门隔断了卧室和阳台；整体清爽干净，给人舒适的睡眠环境。

图 2-62、图 2-63，推拉式衣柜很好地划分出了各种储物区域，白色电脑桌可配搭很多风格，让人不至于视觉疲劳。

图 2-64，折中型卫生间能充分利用卫生间的功能，两个小挂灯配合镜子的反

图 2-57　餐厅设计

图 2-58　立柜设计

图 2-59　书房设计

图 2-60　卧室设计 1

图 2-61　卧室设计 2

图 2-62 衣柜设计 1

图 2-63 衣柜设计 2

图 2-64 卫生间照明设计

射将光照效果很好地展现出来。

图 2-65，白色的鞋柜还充当门厅的作用，上下两个储物柜可以更好地存放各类物品。

图 2-66，简约风格的厨房用白色的厨具营造出一种简洁的效果。

图 2-67、图 2-68，厨房使用不锈钢洗菜池能方便清洁，嵌顶灯配合瓷砖的漫反射将灯光效果变得柔和，合理的空间分配使厨房丝毫不显拥挤。

图 2-69、图 2-70，简约型卫生间用方格瓷砖显得十分干净，小通风窗能很好地满足卫生间的通风，也有良好的采光效果。

图 2-65 鞋柜设计

图 2-66 厨房设计 1

图 2-67 厨房设计 2

图 2-68　厨房设计 3

图 2-69　卫生间通风设计

图 2-70　卫生间瓷砖铺陈

本 / 章 / 小 / 结

本章介绍了居住空间的概念与特性，并对其做了分类，提出了不同的空间组合设计、空间序列与调节方式。在应用中要注意不同的空间都要以满足人和人之间人际活动的需求，加强环境中功能性的体现，将科学性与艺术学相结合，既富有时代感，也要有一定历史文脉的表现，使动态和可持续结合发展。

思考与练习

1. 居住空间设计有哪两大原则?

2. 居住空间类型有几种分类方法?

3. 高层住宅的优点和缺点有哪些?

4. 居住空间设计中，采光与色彩有哪些区别?

5. 分析图 2-49，说明它的空间设计特点。

第三章

设计风格与流派

学习难度：★★★★☆

重点概念：设计风格、装饰要素、色彩运用

章节导读

设计风格是艺术品或者特色装修家具等具有的独特的风味，可分为美式乡村风格、古典欧式风格（见图 3-1）、地中海式风格、东南亚风格、日式风格、新古典风格（见图 3-2）、现代简约风格（见图 3-3）、新中式风格等。

图 3-1　古典欧式风格

图 3-2　新古典风格

图 3-3　现代简约风格

第一节 传统风格

传统风格的居住空间设计，是在居住空间布置、线形、色调以及家具、陈设的造型等方面，吸取传统装饰“形”“神”

的特征。例如吸取我国传统木构架建筑居住空间的藻井天棚、挂落、雀替的构成和装饰，明、清家具造型(见图 3-4)和款式特征。又如西方传统风格中仿罗马风、哥特式、文艺复兴式、巴洛克、洛可可、古典主义等，其中如仿英国维多利亚或法国路易式的居住空间装潢和家具款式。此外，还有日本传统风格、印度传统风格、伊斯兰传统风格、北非城堡风格等等。传统风格常给人们以历史延续和地域文脉的感受，它使居住空间环境突出了民族文化渊源的形象特征。

一、传统中式风格

中国传统的居住空间设计融合了庄重与优雅双重气质(见图 3-5)。中式风格更多利用后现代手法，把传统的结构形式通过重新设计组合以另一种民族特色的标志符号呈现。例如，厅里摆一套明清式的红木家具，墙上挂一幅中国山水画等。

1. 传统中式风格的特点

中式风格以宫廷建筑为代表(见图 3-6)，气势恢宏、壮丽华贵、高空间、大进深、金碧辉煌，雕梁画栋造型讲究对称，色彩讲究对比，装饰材料以木材为主(见图 3-7、图 3-8)，图案多龙、凤、龟、狮等，精雕细琢、瑰丽奇巧。但中式风格的装修造价较高，且缺乏现代气息，只能在家居中点缀使用。现代中式风格更多地利用了后现代手法，墙上挂一幅中国山水画，书房里陈设书柜、书案以及文房四宝。中式

图 3-4　明、清家具造型

图 3-6　宫廷建筑 (1)

图 3-5　传统中式风格

图 3-7　宫廷建筑 (2)

图 3-8　宫廷建筑 (3)

图 3-10　中式风格的门窗

图 3-9　中式风格的隔窗

图 3-11　中式风格的吊顶

图 3-12　中式风格的工艺品

风格的客厅具有内蕴的风格，也常常用到沙发，但颜色仍然体现着中式的古朴，中式风格这种表现使整个空间里传统中透着现代，现代中糅合着古典。

2. 设计要点

(1) 空间上讲究层次，多用隔窗、屏风来分隔，用实木做出结实的框架，以固定支架，中间用棂子雕花，做成古朴的图案 (见图 3-9)。

(2) 门窗对确定中式风格很重要，因为中式门窗一般是用棂子做成方格或其他中式的传统图案，用实木雕刻成各式题材造型 (见图 3-10)，打磨光滑，富有立体感。

(3) 天花以木条相交成方格形，上覆木板，也可设计成环形的灯池吊顶 (见图 3-11)，用实木做框，层次清晰，漆成花梨木色。

(4) 家具陈设讲究对称，重视文化意蕴。配饰擅用字画、古玩、卷轴、盆景，精致的工艺品加以点缀 (见图 3-12)，更显主人的品位与尊贵。木雕画以壁挂为主，更具有文化韵味和独特风格，体现中国传统家居文化的独特魅力。

小贴士

中式风格设计是中国传统文化在现代背景下的演绎，是在对中国当代文化充分理解基础上的当代设计。中式风格并不是元素的堆砌，而是通过对传统文化的理解和提炼，将现代元素与传统元素相结合，以现代人的审美需求来打造富有传统韵味的空间，让传统艺术在当今社会得以体现。中式风格在设计上继承了唐代、明清时期家居理念的精华，将其中的经典元素提炼并加以丰富，同时摒弃原有空间布局中等级、尊卑等封建思想，给传统家居文化注入了新的气息。

二、传统欧式风格

传统欧式风格在 17 世纪盛行于欧洲，强调线形流动的变化，色彩华丽。它在形式上以浪漫主义为基础，装修材料常用大理石、多彩的织物、精美的地毯、精致的法国壁挂，整个风格豪华、富丽，充满强烈的动感效果。另一种是洛可可风格，其善用轻快纤细的曲线装饰，效果典雅、亲切，欧洲的皇宫贵族都偏爱这个风格。

欧式风格是传统风格之一，是指具有欧洲传统艺术文化特色的风格。根据不同的时期分为古典风格（古罗马风格，古希腊风格）、中世纪风格、文艺复兴风格、巴洛克风格、新古典主义风格、洛可可风格等。根据地域文化的不同则有地中海风格、法国巴洛克风格、英国巴洛克风格、北欧风格、美式风格等。

1. 传统欧式风格的特色

开放式的厨房（见图 3-13）是根据欧洲人的饮食习惯而决定的。沙发一般用背靠窗的摆放方式，中式则忌空；传统沙发一般采用 1+2+3 或 2+2+3 等组合形式，一般没有 L 形沙发。床一般是床头靠窗，

图 3-13　开放式厨房

与沙发相同，中式忌床头靠窗；床尾有床尾凳。与中国传统风格一样，欧式风格也常用对称的方式来体现庄重与大气。

2. 传统欧式风格装饰要素

门的造型设计，包括房间的门和各种柜门，既要突出凹凸感，又要有优美的弧线，两种造型相映成趣，风情万种（见图 3-14）；柱的设计也很有讲究，可以设计成典型的罗马柱造型，使整体空间具有更强烈的西方传统审美气息（见图 3-15）；壁炉是西方文化的典型载体，选择欧式风格家装时，可以设计一个真的壁炉，也可以设计一个壁炉造型，辅以灯光，营造西方生活情调（见图 3-16）。

图 3-14 传统欧式风格的门

图 3-15 传统欧式风格的柱

图 3-16 传统欧式风格的色彩运用

3. 传统欧式风格空间特色

欧式的居室有的不只是豪华大气，更多的是惬意和浪漫。通过完美的曲线、精益求精的细节处理，带给家人不尽的舒适感，达到和谐的最高境界。同时，欧式装饰风格最适用于大面积房子，若空间太小，不但无法展现其风格气势，反而对生活在其间的人造成一种压迫感。当然，还要具有一定的美学素养，才能善用欧式风格，否则只会弄巧成拙。

4. 传统欧式风格色彩运用

传统欧式风格从整体到局部、从空间组合到居住空间陈设塑造，都给人一种精致的印象。例如，浅色和木色家具有助于突出清贵和舒雅，格调相同的壁纸、帘幔、地毯、家具、外罩等装饰织物布置蕴涵着欧洲传统的历史痕迹与深厚的文化底蕴。

5. 传统欧式风格美学特点

典雅的古代风格、纤致的中世纪风格、富丽的文艺复兴风格、浪漫的巴洛克及洛可可风格，一直到庞贝式、帝政式的新古典风格，在各个时期都有各种精彩的演绎，是欧式风格不可或缺的要素。为家装注入欧式元素，意欲让家具有永恒的文化魅力，给人以自然的经久不衰的感觉。

第二节
自然风格

自然风格常运用天然的木、石、藤、竹等材质质朴的纹理，在居住空间环境中力求表现悠闲、舒畅、自然的田园生活情趣。设计不仅以植物摆放来体现自然的元素，并从空间本身、界面的设计乃至风格意境里所流淌的自然气息来阐释风格的特质(见图 3-17)。

自然风格又称“乡土风格”“田园风格”“地方风格”。它提倡“回归自然”。美学上推崇“自然美”，只有崇尚自然、结合自然，才能在当今高科技、高节奏的社会生活中，使人们的生理与心理得到平

图 3-17　自然风格 (1)

图 3-18　自然风格 (2)

衡。自然风格主张用木材、织物、石材等天然材料本身的纹理，力求表现舒畅、质朴的情调，营造自然、高雅的居室氛围（见图 3-18）。

图 3-19　田园风格

一、田园风格

田园风格是通过装饰装修表现出田园的气息，不过这里的田园并非农村的田园，而是一种贴近自然、向往自然的风格（见图 3-19）。田园风格力求表现悠闲、舒畅、自然的田园生活情趣。在田园风格里，粗糙和破损是允许的，因为只有那样才更接近自然。

田园风格最大的特点就是朴实、亲切、实在。田园风格包括很多种，如英式田园、美式田园、法式田园、中式田园等。

1. 英式田园

英式田园风格的家具多以奶白、象

小贴士

家居设计中尽量使空间增大，利用色彩的特征营造出自己需要的空间效果，利用色彩的反射作用使整个空间感觉更亮堂、更扩大。采用绿色给人宁静、松弛之感。借用大自然的外景，不仅使人心情舒畅，更可扩大居住空间感。在材料的选择上，选择无毒或少毒的材料，强调以人为本，以人的健康为设计目的。尽可能采用天然材料，充满大自然的气息。例如采用松木和杉木，给居住空间增添一种田园气息。在居住空间引入一些绿色植物、水，也是很不错的。

牙白等白色为主（见图 3-20），高档的桦木、楸木等做框架，配以高档的环保中纤板做内板，优雅的造型、细致的线条和高档油漆处理，都使得每一件产品显得优雅、成熟又清新脱俗。卧室内的床多为高背床、四柱床、公主床、栏杆床，成人床多配以 70 cm 高的床头柜和床尾凳方便起居，并配以恰当大小的衣柜来收放衣物，当然还有必备的梳妆台，靠窗处可配一休闲椅或小方几，辅以造型优雅的田园灯，以更好地营造田园气息（见图 3-21）。

2. 美式田园

美式田园风格又称为美式乡村风格，在居住空间环境中力求表现悠闲、舒畅、自然的田园生活情趣（见图 3-22）。美式田园风格有务实、规范、成熟的特点。以美国的中产阶级为例，他们有着不错的收入作支撑，所以可以在面积较大的居室中自由地发展自身喜好，设计作品也在一定程度上表现出其居住者的品位、爱好和价值观。一般而言，进入了户门，就可以欣赏到家居空间中对外的公共部分。客厅、餐厅用来招待来宾，在材料选择上多倾向于光挺、华丽的材质。餐厅基本上都与厨房相连（见图 3-23），厨房的面积较大，操作方便、功能强大。起居室一般较客厅空间低矮平和，选材上也多取舒适、柔性、

图 3-20　英式田园风格 (1)

图 3-22　美式田园风格 (1)

图 3-21　英式田园风格 (2)

图 3-23　美式田园风格 (2)

图 3-24 美式田园风格 (3)

图 3-25 中式田园风格 (1)

温馨的材质组合(见图 3-24)，可以有效地建立起一种温暖的家庭氛围。卫生间设计的首要考虑因素是安全方便。美式田园风格在卫生间选材上自由度较大，因为美国人喜好泡浴，墙面常用防水墙纸、木材等材料。

3. 中式田园

中式田园风格的基调是丰收的金黄色，尽可能选用木、石、藤、竹、织物等天然材料装饰。软装饰上常有藤制品，如绿色盆栽、瓷器、陶器等摆设(见图 3-25)。中式风格的特点，是在居住空间布置、线形、色调以及家具、陈设的造型等方面，吸取传统装饰"形""神"的特征，以传统文化内涵为设计元素，革除传统家具的弊端，去掉多余的雕刻，糅合现代西式家居的舒适，根据不同户型的居室，采取不同的布置。中国传统居室非常讲究空间的层次感。这种传统的审美观念在中式风格中，又得到了全新的阐释：依据居住空间使用人数的不同，做出分隔的功能性空间，采用"哑口"或简约化的"博古架"来区分；在需要隔绝视线的地方，则使用中式的屏风或窗棂(见图 3-26)，通过这种新的分隔方式，单元式住宅就能展现出中式家居的层次之美。

图 3-26 中式田园风格 (2)

4. 法式田园

数百年来经久不衰的葡萄酒文化，自给自足、自产自销的法国后农业时代的现代农庄对法式田园风格影响深远。法国人轻松惬意、与世无争的的生活方式使得法式田园风格具有悠闲、舒适、生活气息浓郁的特点。最明显的特征是家具的洗白处理及配色上的大胆鲜艳。洗白处理使家具流露出古典家具的隽永质感，黄色、红色、蓝色的色彩搭配(见图 3-27)则反映丰沃、富足的大地景象。而椅脚被简化的卷曲弧线及精美的纹饰也是优雅生活的体现。

5. 南亚田园

南亚田园风格显得粗犷，但平和而容易接近。材质多为柚木，光亮感强，也有椰壳、藤等材质的家具。做旧工艺多，并喜做雕花。色调以咖啡色为主。田园风格的用料崇尚自然，砖、陶、木、石、藤、竹，越自然越好(见图 3-28)。在织物质地的选择上多采用棉、麻等天然制品，其质感正好与乡村风格不饰雕琢的追求相契合。有时也在墙面挂一幅毛织壁挂，表现的主题多为乡村风景。南亚田园风格的居室还通过绿化把居住空间变为绿色空间，如结合家具陈设等布置绿化，或者做重点装饰与边角装饰，使植物融于居室，创造出自然、简朴、高雅的氛围。

图 3-27　法式田园风格

图 3-28　南亚田园风格

二、现代自然风格

现代自然风格起源于 1919 年成立的包豪斯学派，该学派根据当时的历史背景，强调突破旧传统，创造新建筑，重视功能和空间组织，注重发挥结构构成本身的形式美，造型简洁，反对多余装饰，崇尚合理的构成工艺，尊重材料的性能，讲究材料自身的质地和色彩的配置效果，发展了非传统的、以功能布局为依据的、不对称的构图手法。包豪斯学派重视实际的工艺制作，强调设计与工业生产的联系。

从现代自然风格中可以感受到个性的构思(见图 3-29)。色彩经常以棕色系列(浅茶色、棕色、象牙色)或灰色系列(白色、灰色、黑色)等中间色为基调色，材料一般用人造装饰板、玻璃、皮革、金属、塑料等，用直线表现现代的功能美。

图 3-29　现代自然风格

第三节 现代风格

现代风格追求时尚与潮流，非常注重居室空间的布局与使用功能的完美结合(见图 3-30)。现代主义也称功能主义，

图 3-30 现代风格

图 3-31 高技派展示图 (1)

图 3-32 高技派展示图 (2)

是工业社会的产物，其最早的代表是建于德国魏玛的包豪斯学校。现代风格的主题是要创造一个能使艺术家接受现代生产最省力的环境——机械的环境。

一、代表派别

1. 高技派

高技派或称重技派，注重“高度工业技术”的表现，有如下明显的特征。①喜欢使用最新的材料，尤其是不锈钢、铝塑板或合金材料，作为居住空间装饰及家具设计的主要材料。②将结构或机械组织暴露在外，如把居住空间水管、风管暴露在外，或使用透明的、裸露机械零件的家用电器。③强调现代居室的视听功能，家用电器为主要陈设，构件节点精致、细巧，居住空间艺术品均为抽象艺术风格（见图 3-31、图 3-32）。高技派典型的实例为法国巴黎蓬皮杜国家艺术与文化中心、香港中国银行等。

2. 风格派

风格派起始于 20 世纪 20 年代的荷兰，它是立体主义画派的一个分支，认为艺术应消除与任何自然物体的联系，只有点、线、面等最小视觉元素和原色是真正具有普遍意义的永恒艺术主题。其居住空间设计方面的代表人物是木工出身的里特威尔德，他将风格派的思想充分表达在家具、艺术品陈设等各个方面。风格派的出现使包豪斯的艺术思潮发生了转折，它所创造的绝对抽象的视觉语言及其代表人物的设计作品对于现代艺术、现代建筑和居住空间设计产生了极其重要的影响。风格派认为“把生活环境抽象化，这对人们的生活就是一种真实”。

3. 白色派

迈耶 - 巴塞罗那现代艺术馆作品以白色为主，具有一种超凡脱俗的气派和明显的非天然效果，被称为美国当代建筑中的“阳春白雪”。以埃森曼、格雷夫斯、格瓦斯梅、赫迪尤克和迈耶纽约五人组为代表。他们的设计思想和理论原则深受风

图 3-33　白色派展示图

格派和柯布西耶的影响，对纯净的建筑空间(见图 3-33)、体量和阳光下的立体主义构图、光影变化十分偏爱，故又被称为早期现代主义建筑的复兴主义。

4. 极简主义

极简主义也称简约主义或微模主义(见图 3-34)，是第二次世界大战之后 20 世纪 60 年代所兴起的一个艺术派系，作为对抽象表现主义的反动而走向极致，以最原初的物的形式展示于观者面前为表现方式，意图消减作者借着作品对观者意识的压迫性，淡化作品作为文本或符号形式出现时的暴力感，开放作品自身在艺术概念上的意象空间，让观者自主参与对作品的建构，最终成为作品在不特定限制下的作者。

5. 后现代风格

对后现代风格的理解上，全世界的建筑理论界还没有达成统一的标准和认识，有些人认为其仅仅指某种设计风格，有些人则认为其是现代主义之后整个时代的名称。后现代主义又称装饰主义或隐喻主义，兴起于 20 世纪 60 年代。后现代主义风格居住空间设计的主要特点如下。第一，强调历史文脉及设计师的个性和自我表现力，反对重复前人设计经验，讲究创造。第二，强调建筑与居住空间设计的矛盾性和复杂性，反对设计的简单化和程式化。第三，提倡多元化和多样性的设计理念，追求人文精神的融入。第四，崇尚隐喻和象征的设计手法，大胆运用装饰色彩。

6. 解构主义

解构主义是从 20 世纪 80 年代晚期开始兴起的后现代建筑思潮。它的特点是把整体破碎化(解构)。主要思路是对外观的处理，通过非线性或非欧几里得几何的设计，来形成建筑元素之间关系的变形与移位，如楼层和墙壁，或者结构和外廓(见图 3-35、图 3-36)。大厦完成后的视

图 3-34　极简主义展示图

图 3-35　解构主义展示图 (1)

图 3-36　解构主义展示图 (2)

觉外观产生的各种解构样式以刺激性的不可预测性和可控的混乱为特征，是后现代主义的表现之一。

7. 新现代主义

新现代主义是一种从 20 世纪末期到 21 世纪初的建筑风格，最早在 1965 年出现。新现代主义建筑透过新的简约而平民化的设计对后现代主义建筑的复杂建筑结构作出折中主义的回应。有评论指出，这种对现行建筑风格的反思精神，“正是当代中国建筑所缺乏的”。“新现代建筑”这个名词亦被用于泛指现时的建筑。

二、主要特点

1. 色彩跳跃

现代风格家居的空间，色彩要跳跃出来。高纯色彩的大量运用，大胆而灵活，不单是对现代家居风格的遵循，也是对个性的展示 (见图 3-37、图 3-38)。

图 3-37　色彩跳跃的设计 (1)

小贴士

新现代主义设计是 20 世纪 70 年代对现代主义设计继承的基础上发展起来的一种设计风格，在继承现代主义设计的设计原则和美学原则的基础上，崇尚功能主义和理性主义的风格，追求简洁、纯净的造型和对新技术、新材料的应用与表现；并创造性地发挥想象力，以形态鲜明的个性表现，赋予设计明显的象征意义。坚持使用现代主义的设计语汇和设计方法，以单纯的形式来表现丰富的内涵与个人风格。作为现代主义以后的设计风格，新现代主义并不是其简单的重复和模仿，而是对它的更新和发展。新现代主义既具有现代主义注重功能和理性的严谨而简洁等特征，同时又具有鲜明的个人表现和象征性风格，因而得到了较大发展。这一风格兴起于美国建筑设计界，在 20 世纪 90 年代影响日盛。

2. 简洁、时尚

现代风格的建筑或居住空间的设计作品中，造型方面多采用简单的几何结构，以体现现代简约主义的时尚风格（见图3–39、图3–40）。

3. 功能多样

现代风格家居重视功能和空间组织，注意发挥结构构成本身的形式美，造型简洁，反对多余装饰，在装饰与布置中最大限度地体现空间与家具的整体协调感（见图3–41、图3–42）。

图3–38　色彩跳跃的设计 (2)

图3–39　简洁、时尚的设计 (1)

图3–40　简洁、时尚的设计 (2)

图3–41　多功能的家居空间展示 (1)

图3–42　多功能的家居空间展示 (2)

第四节　案例分析：中户型居住空间设计案例

此案例是一个面积为 113 m^2 的中户型的室内装修设计，风格为典型的美式田园风格，整体颜色为白色和土褐色，让人体验到回归自然的感受。

案例设计的客厅地板采用土黄色的瓷砖，给人一种踩在土地上的感觉。屋内橘黄色柔和的灯光，温馨舒适，独立式厨房用玻璃推拉门，不影响室内空气流通的同时还能有很好的采光效果。折中型卫生间用彩色方格式瓷砖，灯光效果柔和，浴室在内间，与坐便器分开。卧室采用淡紫色壁纸，给人一种清幽的感觉，有助于睡眠。窗户采用中式古典样式，复古却不过时。屋外是一个小花园，用木篱笆围住房子，有一种乡村田园的感觉，清新自然。

总体来说，这种美式田园风格的设计将现代的电器与古典的门窗很好地融合，在不失功能的情况下表现出了田园的清新和自然（见图 3-43 ~图 3-62)。

图 3-43、图 3-44，暖色系客厅给人一种高贵典雅的感觉，橘黄色的灯光又增添了一份温馨，欧式古典吊灯表现出一种神秘的异域风情，整体效果融为一体，是美式乡村风格的完美表现。

图 3-45，简洁式的门厅放置了三个下凹式嵌灯，将刺眼的白色灯光通过反射变得柔和，同时也拓展了空间。

图 3-46，转角的储物柜不仅更好地利用了空间，而且还将本来尖锐的拐角变得圆润。

图 3-43　客厅采光设计

图 3-44　客厅灯光设计

图 3-45　门厅设计

图 3-46　储物柜设计

图 3-47　厨房隔断

图 3-48　橱柜设计

图 3-49　厨房灶台设计

图 3-50　卫生间梳妆镜

图 3-51　卫生间空间布局

图 3-52　客房

图 3-53　客房衣柜 1

图 3-54　客房衣柜 2

图 3-55　壁纸铺陈

图 3-56　卫生间设计 1

图 3-57　卫生间设计 2

图 3-58　主卧

图 3-59　主卧地板

图 3-60　主卧灯光照明

图 3-61　室外小院

图 3-62　室外木篱

图 3-47 ~ 图 3-49，独立式厨房用玻璃门隔开，不仅能拥有好的采光效果，而且也能看到人们在厨房中忙碌的身影，欧式白色木质橱柜显得干净典雅，不锈钢灶台完美地融入整体环境之中。

图 3-50、图 3-51，折中式卫生间将浴室分离开来，能更好地利用卫生间的功能，彩色方格式瓷砖不会产生强烈的反射光，光线柔和、舒缓。

图 3-52、图 3-53，简约型客房以柜为床，不仅节省空间，而且还有中式的卧榻感觉，白色加粉色的淡系色彩让整个房间清新脱俗。

图 3-54、图 3-55，淡紫色壁纸让整个卧室都显得幽静，一个中式平开小窗在保证了通风和采光的条件下，将整个房间封闭，使人拥有更好的睡眠。

图 3-56、图 3-57，独立式卫生间用一扇百叶窗保证通风，营造出一种幽暗的环境，让人心情放松。

图 3-58 ~ 图 3-60，粉色系卧室搭配一个古典吊灯营造出一种温馨、浪漫的环境，配合木质地板，突出了温暖的感觉。

图 3-61、图 3-62，室外小院用木篱笆围合出田园风格，石板路及周围的植物也突出了自然、和谐的设计理念。

本 / 章 / 小 / 结

本章重点讨论了居住空间设计的传统、自然、现代等风格与流派。在应用中要注意到设计在满足功能的前提下，还应该使我们的眼睛以及其他感觉器官获得美学上的享受，设计应该强调某种风格形象并使其利于交流表达，这种交流就是为设计的使用者和体验者传达某种设计风格信息。

思考与练习

1. 解构主义有哪些内容?

2. 传统中式风格有哪些特点?

3. 自然风格分为哪几种?

4. 中式田园风格与美式乡村风格有哪些异同?

5. 找一张室内设计图片，分析它的风格和特点。

第四章

居住空间的人体工程学

学习难度：★★★☆☆

重点概念：人体尺度、环境心理学、感知行为

章节导读

人体工程学(human engineering)，也称人机工程学、人类工程学、人体工学或人类工效学(ergonomics)。工效学“ergonomics”原出自希腊文“ergo”(即“工作、劳动”)和“nomos”(即“规律、效果”)，也即探讨人们劳动、工作效果、工作效能的规律性。人体工程学由6门分支学科组成，即人体测量学、生物力学、劳动生理学、环境生理学、工程心理学、时间与工作研究学。人体工程学诞生于第二次世界大战之后(见图4-1、图4-2)。

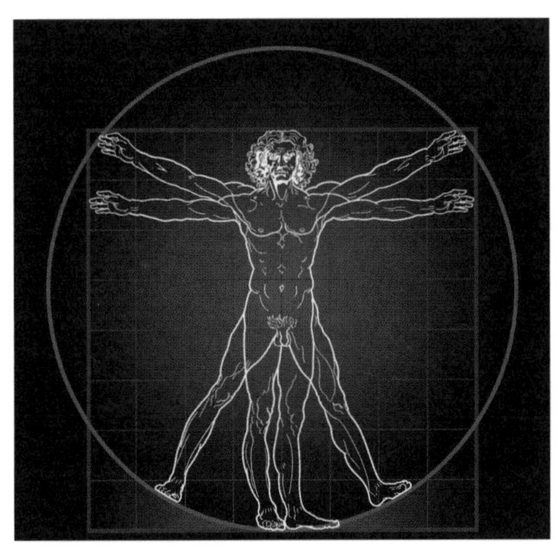

图4-1 人体工程学图解(1)

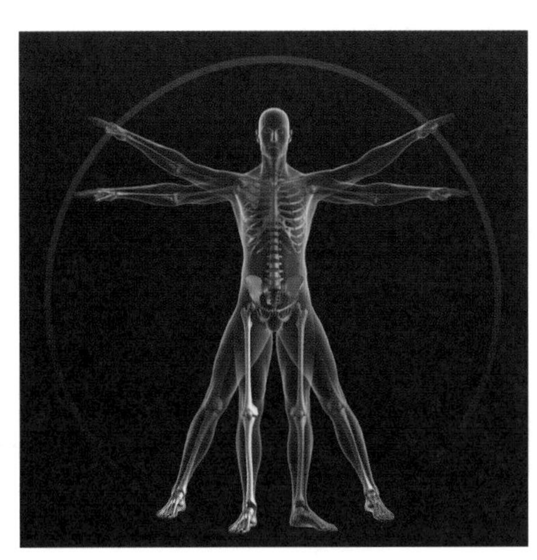

图4-2 人体工程学图解(2)

人体工程学是居住空间设计中必不可少的一门专业知识，了解人体工程学可以使装修设计尺寸更符合人们的日常行为和需要(见图4-3)。居住空间是由点、线、面、体占据、扩展或围合而成的三度虚体(见图4-4)，具体有形状、色彩、材质等视觉要素，以及位置、方向、重心等要素。空间的形状与空间的比例、尺度都是密切相关的，直接影响到人对空间的感受(见图4-5、图4-6)。居住空间的尺度与居住空间功能相一致，尽管这种功能是多方位的。

例如，居室过大将难以造成亲切感，现代居住空间设计的原则是“3大1小1

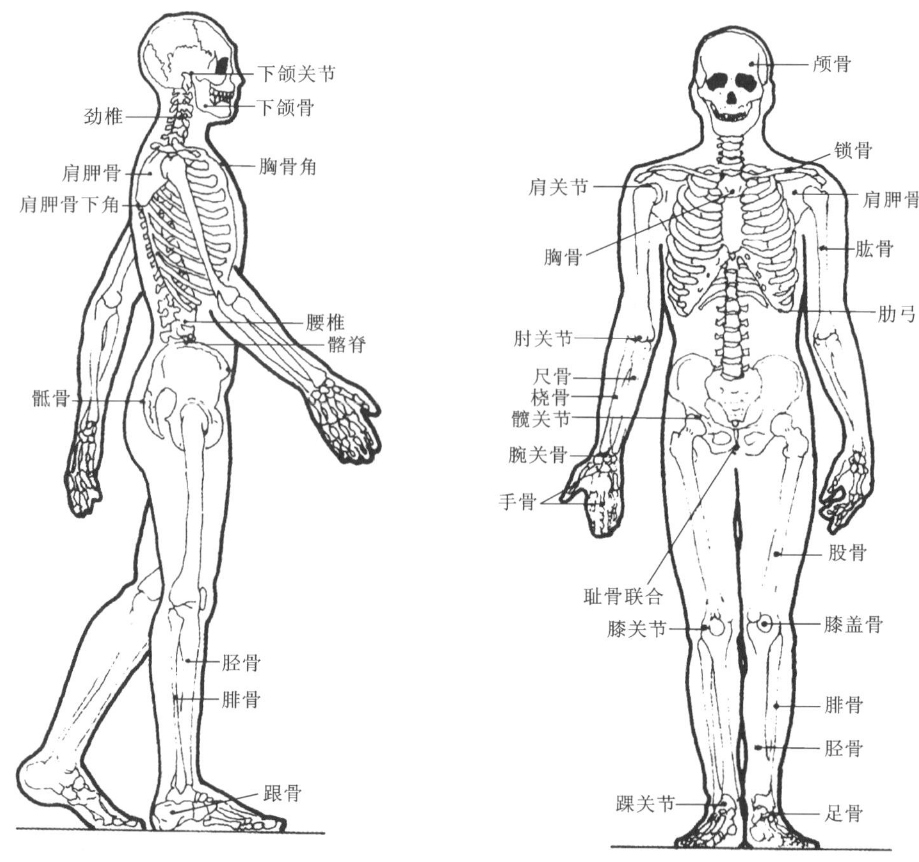

图4-3　人体骨骼示意图

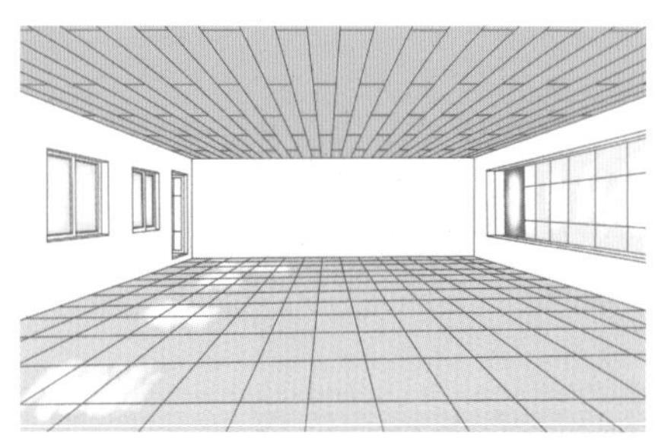

图4-4　三度虚体

图4-5　空间环境对人的影响(1)

图4-6　空间环境对人的影响(2)

多”，居室空间只要能够保证功能的合理性，即可获得恰当的尺度感，但这样的空间尺度却不能适应公共活动的要求（见图4-7 ~ 图 4-9）。对于公共活动来讲，过小或过低的空间会使人感到局限和压抑，这样的尺度也会影响空间的公共性。公共空间一般具有较大的面积和高度，如酒店共享空间、银行营业厅、博物馆等，从功能上看要具有宏伟、博大的气氛，要求有大尺度的空间（见图 4-10)。这也是功能与精神所要求的。历史上著名的教堂异乎寻常的高大的居住空间尺度，主要不是由于功能使用要求，而是精神方面的要求所决定的。

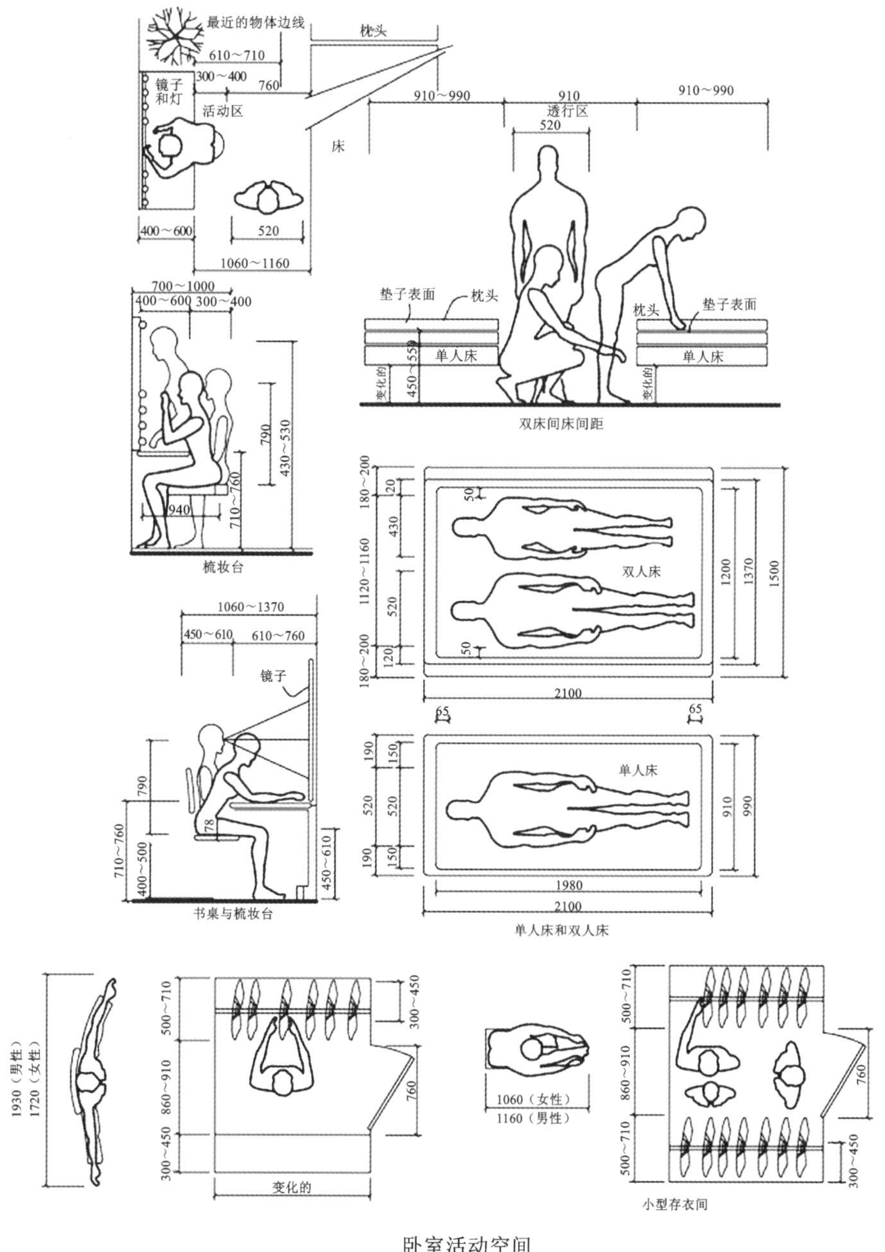

图 4-7　卧室活动空间解析图

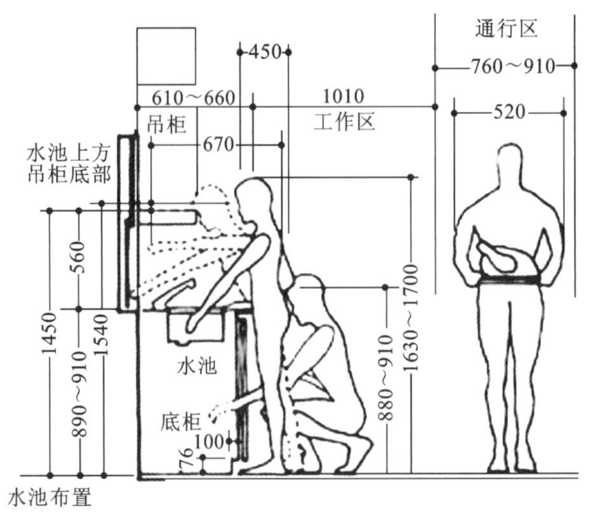

图 4-8　人物居家活动解析图 1

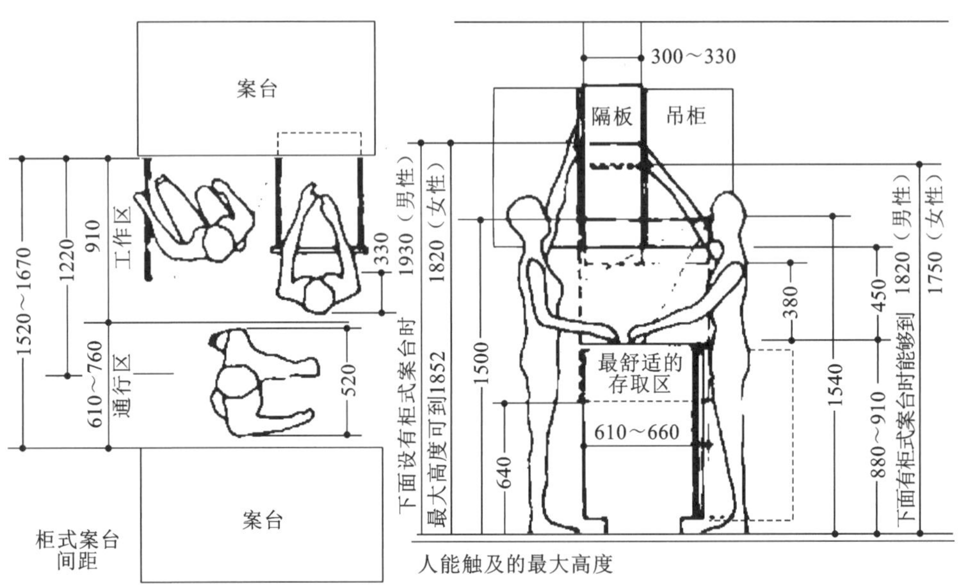

图 4-9　人物居家活动解析图 2

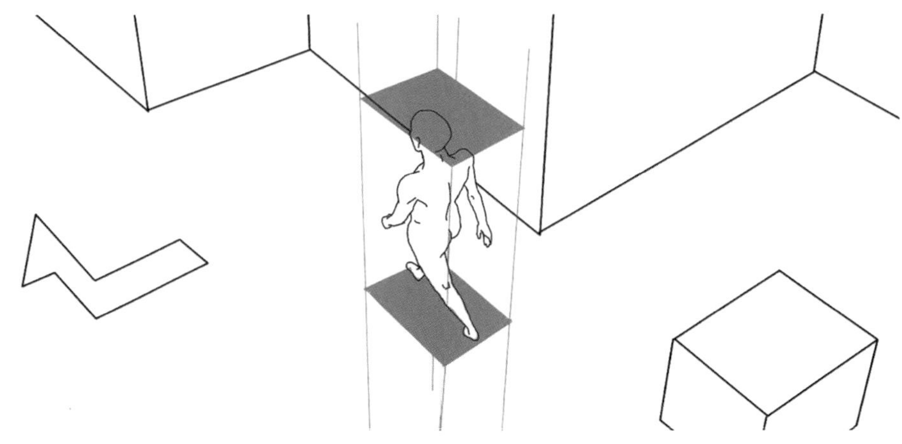

图 4-10　空间高度对人体感受的影响

小贴士

空间与尺度

居住空间是为适合人的行为和精神需求而建造的，因此在设计时应选择一个合理的比例和尺度。这里的“合理”指符合人们生理与心理两方面的需求。当我们观测一个物体或居住空间大小时，往往运用周围已知大小的要素作为衡量标尺。这里说的“比例”和“尺度”的概念不完全一样。比例是指空间中各个要素之间的数学关系，是整体和局部间的关系；而尺度是指人与居住空间的比例关系所产生的心理感受。因此有些居住空间同时采用两种尺度：一种以整个空间形式为尺度，另一种以人体为尺度。两种尺度各有侧重点，又有一定的联系。

第一节
人体尺度

人体尺度，即人体在居住空间内完成各种动作时的活动范围(见图 4-11)。设计人员要根据人体尺度来确定门的高度与宽度，踏步的高度与宽度，窗台、阳台的高度，家具的尺寸及间距，楼梯平台、室内净高等居住空间尺寸(见图 4-12)。

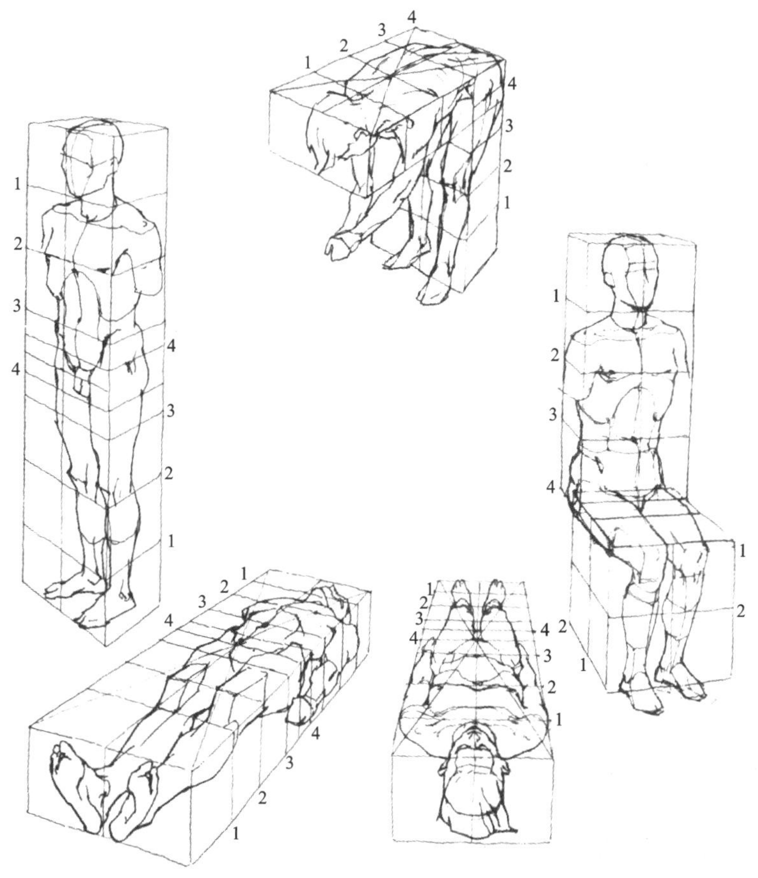

图 4-11　人体动作活动范围示意图

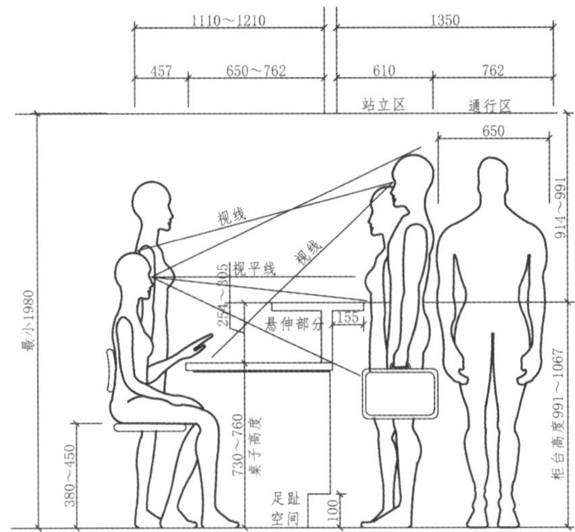

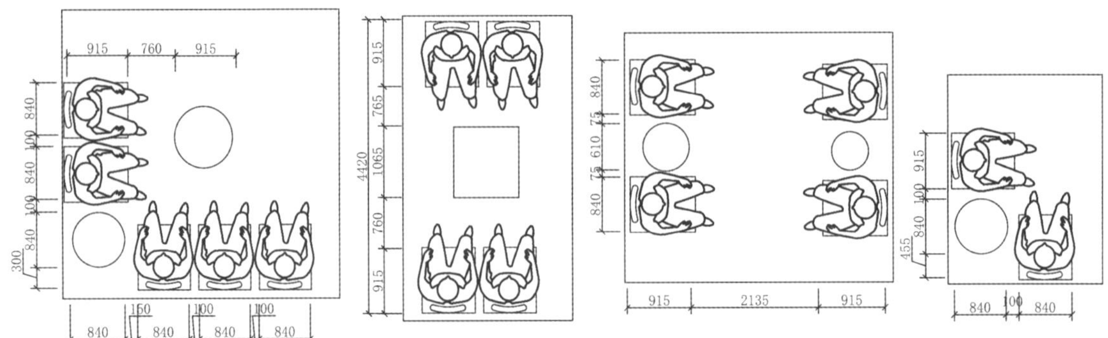

图 4-12　接待空间等候区的平面尺度

一、常用术语

人体工程学是研究“人－机－环境”系统中人、机、环境三大要素之间的关系，为解决该系统中人的效能、健康问题提供理论与方法的科学(见图 4-13)。

图 4-13　人体工程学示意图

1. 肘部高度

肘部高度指从地面到人的前臂与上臂接合处可弯曲部分的距离。

2. 挺直坐高

挺直坐高是指人挺直坐着时，座椅表面到头顶的垂直距离。

3. 构造尺寸

构造尺寸是指静态的人体尺寸，它是人体处于固定的标准状态下测量的。

4. 功能尺寸

功能尺寸是指动态的人体尺寸，是人在进行某种功能活动时肢体所能达到的空间范围，它是人体处于动态的状态下测量的。功能尺寸是由关节的活动、转动所产生的角度与肢体的长度协调时产生的范围尺寸，对于解决许多带有空间范围、位置的问题很有用。

5. 身高

身高指人身体直立、眼睛向前平视时从地面到头顶的垂直距离。

6. 正常坐高

正常坐高是指人放松坐着时，从座椅表面到头顶的垂直距离。

7. 眼高

眼高是指人身体直立、眼睛向前平视时从地面到内眼角的垂直距离。

8. 坐姿眼高

坐姿眼高是指人正常坐着时，人的内眼角到座椅表面的垂直距离。

9. 肩高

肩高是指从座椅表面到肩峰点之间的垂直距离。

10. 肩宽

肩宽是指两处三角肌外侧的最大水平距离。

11. 两肘宽

两肘宽是指两肋屈曲、自然靠近身体、前臂平伸时两肋外侧面之间的水平距离。

12. 肘高

肘高是指从座椅表面到肘部尖端的垂直距离。

13. 大腿厚度

大腿厚度是指从座椅表面到大腿与腹部交接处的大腿端部之间的垂直距离。

14. 膝盖高度

膝盖高度是指从地面到膝盖骨中点的垂直距离。

15. 膝腘高度

膝腘高度是指人挺直身体坐着时，从地面到膝盖背后（腿弯）的垂直距离。测量时，膝盖与髁骨垂直方向对正，赤裸的大腿底面与膝盖背面（腿弯）接触座椅表面。

16. 垂直手握高度

垂直手握高度是指人站立、手握横杆，然后使横杆上升到自然限度为止，此时从地面到横杆顶部的垂直距离。

17. 侧向手握距离

侧向手握距离是指人直立、右手侧向平伸握住横杆，一直伸展到没有感到不舒服或拉得过紧的位置，这时从人体中线到横杆外侧面的水平距离。

18. 向前手握距离

向前手握距离是指人肩膀靠墙直立，手臂向前平伸，食指与拇指尖接触，这时从墙到拇指尖的水平距离。

19. 肢体活动范围

肢体的活动空间实际上也就是人在某种姿态下肢体所能触及的空间范围。因为这一概念也常被用来解决人们在工作中遇到的各种作业环境的问题，所以也称为“作业域”。

20. 人体活动空间

现实生活中，人们并非总是保持一种姿势不变，人们总是在变换着姿势，并且人体本身也随着活动的需要而移动位置，这种姿势的变换和人体移动所占用的空间构成了人体活动空间。

21. 姿态变换

姿态的变换集中于正立姿态与其他可能姿态之间的变换，姿态的变换所占用的空间并不一定等于变换前的姿态和变换后的姿态占用空间的重叠。

22. 肌肉施力

无论是人体自身的平衡稳定或人体的运动，都离不开肌肉的机能。肌肉的机能是收缩和产生肌力，肌力可以作用于骨骼，通过人体结构再作用于其他物体上，称为肌肉施力。肌肉施力有动态肌肉施力和静态肌肉施力两种方式。

23. 睡眠深度

休息的好坏取决于神经抑制的深度，也就是睡眠的深度。睡眠深度与活动的频率有直接关系，频率越高，睡眠深度越浅。

24. 视野

视野是指眼睛固定于一点时所能看到的范围。

25. 相对亮度

相对亮度是指光强度与背景的对比关系，称为相对值。

26. 视力

视力是眼睛分辨细节的能力，它随着被观察物体的大小、光谱、相对亮度和观察时间的不同而变化。

27. 残像

眼睛在经过强光刺激后，会有影像残留于视网膜上，这是由于视网膜的化学作用残留引起的。残像的问题主要是影响观察，因此应尽量避免强光和眩光的出现。

28. 暗适应

人眼中有两种感觉细胞，即锥体和杆体。锥体在明亮时起作用，而杆体对弱光敏感，人在突然进入黑暗环境时，锥体失去了感觉功能，而杆体还不能立即工作，因而需要一定的适应时间。

29. 色彩还原

光色会影响人对物体本来色彩的观察，造成失真，影响人对物体的印象。日光色是色彩还原的最佳光源，食物用暖色光、蔬菜用黄色光照明比较好。

30. 噪声

噪声即干扰人的声音。凡是干扰人的活动（包括心理活动）的声音都是噪声，这是从噪声的作用来对噪声下定义的。噪声还能引起人强烈的心理反应，如果一个声音引起了人的烦恼，即使是音乐，也会被人称为噪声，例如某人在专心读书，任何声音对他而言都可能是噪声。因此，也可以从人对声音的反应这个角度来定义噪声，噪声即是引起烦恼的声音。

二、常用的居住空间尺寸

(1) 支撑墙体厚度 0.24m。

(2) 室内隔墙厚度 0.12m。

(3) 大门：门高 2.0 ~ 2.4m，门宽 0.90 ~ 0.95m。居住空间门：门高 1.9 ~ 2.0m，门宽 0.8 ~ 0.9m，门套厚度 0.1m。厕所门、厨房门：门宽 0.8 ~ 0.9m、门高 1.9 ~ 2.0m。

(4) 室内窗高 1.0m 左右，窗台距地面高度 0.9 ~ 1.0m；室外窗高 1.5m，窗台距地面高度 1.0m。

(5) 玄关宽 1.0m，墙厚 0.24m。

(6) 阳台宽 1.4 ~ 1.6m，长 3.0 ~ 4.0m(一般与客厅的长度相同)。

(7) 踏步高 0.15 ~ 0.16m，长 0.99 ~ 1.15m，宽 0.25m；扶手宽 0.01m，扶手间距 0.02m；中间的休息平台宽 1.0m。

第二节
人体尺度与家具

人体尺度与家具设计的关系：无论人体家具还是贮存家具，都必须满足使用要求，使其符合人体的基本尺寸和从事各种活动所需要的尺寸 (见图 4-14)。

图 4-14　人体尺度与家具的关系

一、人体尺度与家具设计的关系

1. 椅子

沙发、椅、凳类的家具，要符合人们端坐时的形态特征和生理要求。椅属支承型家具 (见图 4-15)，它的设计基准点是人坐着时的坐骨结节点。这是因为人在坐着时，肘的位置和眼的高度，都是以坐骨结节点为基准来确定的。因此，可以根据这些基准点来确定椅子的前后、左右、上下几个方向的功能尺寸。对于椅子的设计，首先要考虑的是使人感到舒适，其次再考虑它的美观和实用。在椅子中，与舒适有关的几个因素是坐面、靠背、脚踏板和扶手 (见图 4-16)。

图 4-15　人体尺度与椅的关系

图 4-16　人体尺度与沙发的关系

(1) 坐面。坐面高度是椅子设计中最基本、最重要的尺寸，主要与人的小腿长度有关。坐面过高，会使两脚悬空，下肢血液循环不畅；坐面过低，会使小腿肌肉紧张，造成麻木或肿胀。因此，椅子的坐面高度应根据我国人体尺度的平均值来计算，并考虑到使小腿有一个活动余地，在大腿前部与坐面之间保证有 10 ~ 20mm 的空隙。一般来说，椅子的坐面高度应以 400mm 为宜，高于或低于 400mm，都会使人的腰部产生疲劳(见图 4-17)。

(2) 靠背。椅子靠背的设计，主要有靠背高度、坐板与靠背的角度两个方面。合理的靠背高度能使人体保持平衡，并保持优美的坐姿。一般椅子的靠背高度宜在肩胛以下，这样既不影响人的上肢活动，又能使背部肌肉得到充分的休息。当然，对于一些工作椅或者是供人休息的沙发，其椅背的高度是变化的，有的可能只达腰脊的上沿，有的可能达到人的头部或颈部。坐板与靠背的角度，也是视椅子的用途而定的，一般椅子的夹角为 90° ~ 95°，而供休息用的沙发夹角为 100° ~ 115°，甚至更大。

(3) 脚踏板。椅子的设计还必须考虑脚的自由活动空间，因为脚的位置决定了小腿的位置，使小腿或者与上身平行，或者与大腿的夹角约为 90°。因此，脚踏板的位置应摆在脚的前方或上方，方便脚的活动。

(4) 扶手。扶手的位置也比较有讲究。日本学者研究的资料表明，无论靠背的角度怎样，对于人体上身主轴来说，扶手倾角以 90° ± 20° 为宜。至于扶手的左右角，则应前后平行或者前端稍有张开。

2. 桌子

桌子是介于人体家具与建筑家具之间的家具(见图 4-18)，故又称为“准人

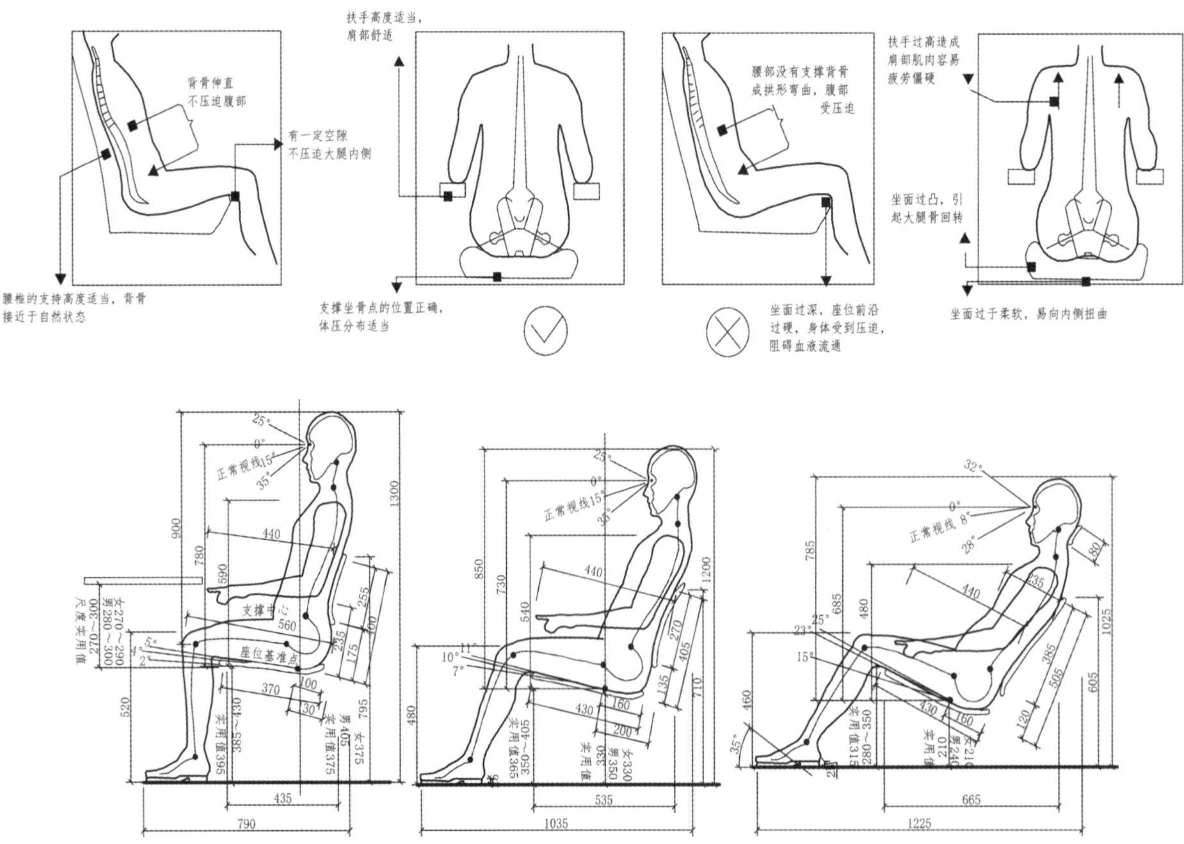

图 4-17　人体坐椅感官示意图

图 4-18 人体与桌子的关系

体家具”。因此，桌子设计的基准点应以人的坐骨结节点为基准（见图 4-19），桌面高度应是坐面坐骨结节点到桌面的距离（即差尺）与坐面高度（即椅高）之和，也可以以居住空间地面为基准点，它和人着地的脚跟有关，这时桌面的高度应是桌面到地面的距离，但是，不管以什么作为设计基准点，都要使桌子有合乎人体尺度的高度、宽度、长度，还要有使人的下肢在桌面之下自由活动的空间。在上述尺寸中，差尺是桌子设计中最重要的尺寸，因为坐骨结节点的位置一旦确定，该点和肘的位置关系就决定了桌面的高度。桌面过高会使人脊柱弯曲、耸肩、肌肉疲劳；桌面过低，则会使人伏案写作，影响脊椎和视力。只有最佳的高度，才能使人的肩部放松，保持最佳视距。

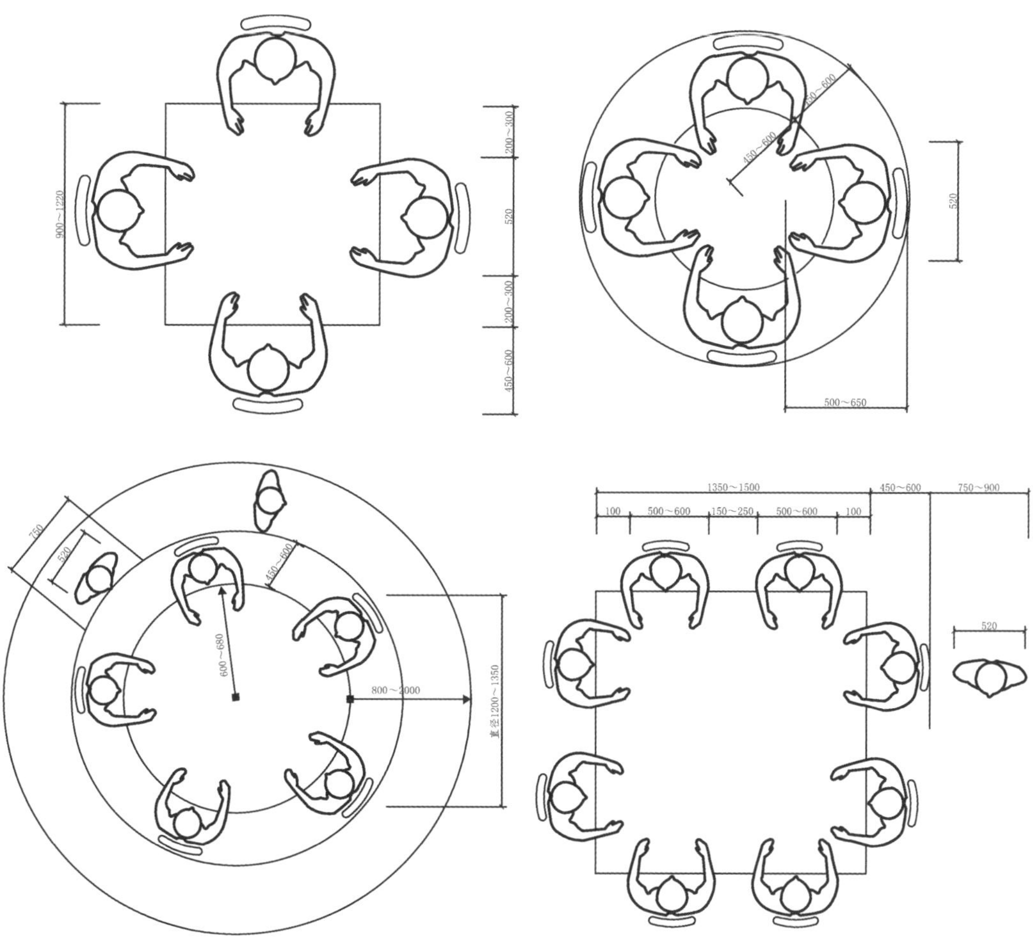

图 4-19 桌子的平面尺度图

图 4-20　人体与床的关系

3. 床

床属支承型家具，它以人体尺度为设计基准点(见图 4-20)。床的长度按能满足较高的人为宜，一般在 1900 ~ 2900mm 之间。床的宽度以人仰卧时的尺寸为基础，再考虑人翻身的需要，一个健康的人睡一夜要翻身 20 ~ 40 次。若床过窄，不敢翻身，人就处于紧张状态。因此，一般单人床的宽度以 900mm 为宜，双人床的宽度以 1350 ~ 1500mm 为宜。床的高度可按椅子的高度来确定，因为床既是睡具，也可当坐具(见图 4-21)。

4. 柜

柜属贮藏型的家具，又称“建筑家具”(见图 4-22)，它的设计标高尺寸是以居住空间地面为基准点，以人的存取方便为原则，并考虑柜内贮物的种类。一般常用衣物均放在人伸手可及、视野合理的范围内，不常用物品的存放也应保证自由存放的可能。因此，柜的高度最高不要超过 2400mm；柜的深度以能最大限度地存贮衣物，同时考虑人的存取方便为原则。

二、家具设计的基本要素

家具作为家居的重要组成部分之一，依然需要遵循实用和美观的规则。家具并不是只要好看就行，还要使用起来舒适方便(见图 4-23)。现代家具的设计特别强调与人体工程学相结合。人体工程学重视“以人为本”，讲求一切为人服务，强调人类的衣、食、住、行，从人的自身出发，

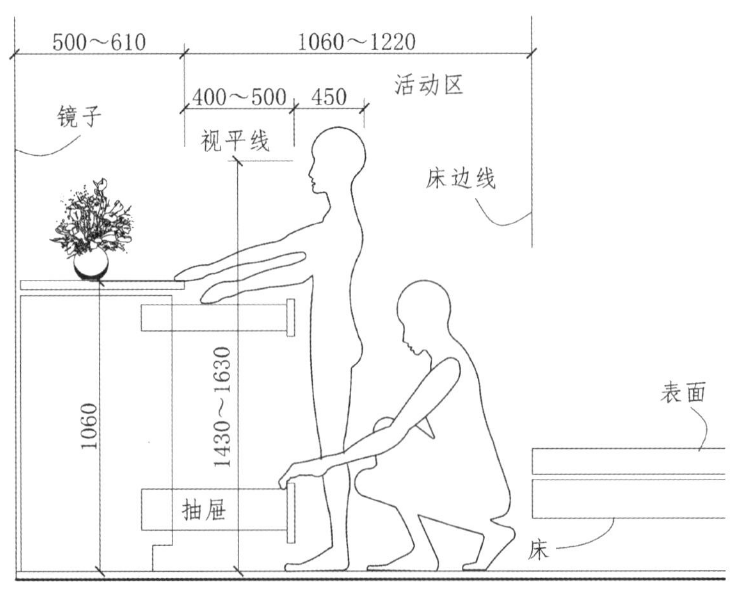

图 4-21　小衣柜与床的间距示意图

小贴士

家具产品本身是为人使用的，所以，家具设计中的尺度、造型、色彩及其布置方式都必须符合人体生理、心理尺度及人体各部分的活动规律，以便达到安全、实用、方便、舒适、美观之目的。人体工程学在家具设计中的应用，就是特别强调家具在使用过程中对人体的生理及心理反应，并对此进行科学的实验和计测，在进行大量分析的基础上为家具设计提供科学的依据。

在以人为主体的前提下考虑其他因素（见图 4-24、图 4-25）。人体工程学已广泛应用于现代的工业产品设计，在家具设计中的应用也日渐成熟。

把人的工作、学习、休息等生活行为分解成各种姿势模型，以此为基础研究家具设计，根据人的立位、坐位和卧位的基准点来规范家具的基本尺度及家具间的相互关系（见图 4-26）。具体来说，在家具尺度的设计中，柜类、不带座椅的讲台及桌类的高度设计以人的立位基准点为准；坐位使用的家具，如写字台、餐桌、座椅

图 4-22　人体与柜的关系

图 4-23　人体工程学家具展示 (1)

图 4-24　人体工程学家具展示 (2)

图 4-25　人体工程学家具展示 (3)

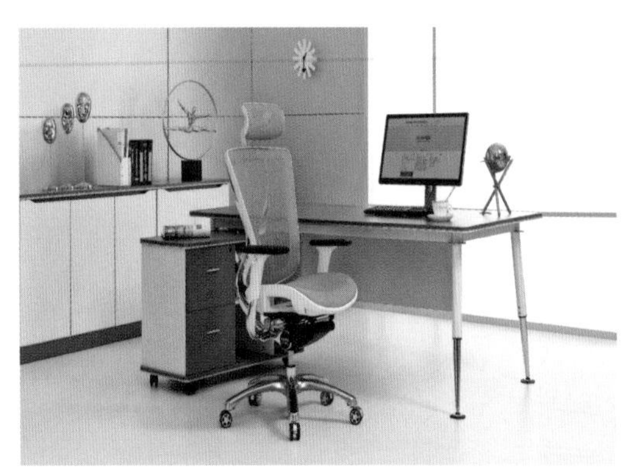

图 4-26　人体工程学家具展示 (4)

等以坐位基准点为准；床、沙发床及榻等卧具以卧位基准点为准。

如设计座椅高度时，就是以人的坐位基准点（坐骨结节点）进行测量和设计，高度常定在 390 ~ 420mm 之间，因为高度小于 380mm，人的膝盖就会因拱起而产生不舒适的感觉，而且起立时显得困难；高度大于人体下肢长度 500mm 时，体压分散至大腿部分，使大腿内侧受压，小腿肿胀等。另外，座面的宽度、深度、倾斜度、靠背弯曲度都无不充分考虑了人体的尺度及各部位的活动规律。在柜类家具的深度、写字台的高度及容腿空间、床垫的弹性设计等方面也无不以人为主体，从人的生理需要出发。比如日常生活中，我们用的餐桌较高，而餐椅不配套，就会令人产生够不着菜的感觉。如果书桌过高，椅子过低，就会使人形成趴伏的姿势，无形中又缩短了视距，久而久之，就容易造成脊椎弯曲和眼睛近视。为此，使用的家具一定要有标准（见图 4-27）。

正确的桌椅高度应该能使人在正坐时保持两个基本垂直：一是当两脚平放地面时，大腿与小腿能够基本垂直，这时，座面前沿不能对大腿下平面形成压迫，否则就容易使人产生腿麻的感觉。二是当两臂放桌面自然下垂时，上臂与小臂基本垂直。这时桌面高度应该刚好与小臂下平面接触，这样就可以使人保持正确的坐姿和书写姿势。

国家标准规定的沙发尺寸如下。单人沙发，座前宽不应小于 480mm，小于这个尺寸，人即使能勉强坐进去，也会感到拥挤（见图 4-28）。座面的深度应在 480 ~ 600 mm 范围内，过深则小腿无法自然下垂，腿肚将受到压迫；过浅，就会感觉坐不住。座面的高度应在 360 ~ 420 mm 范围内，过高，就像在坐椅子，感觉

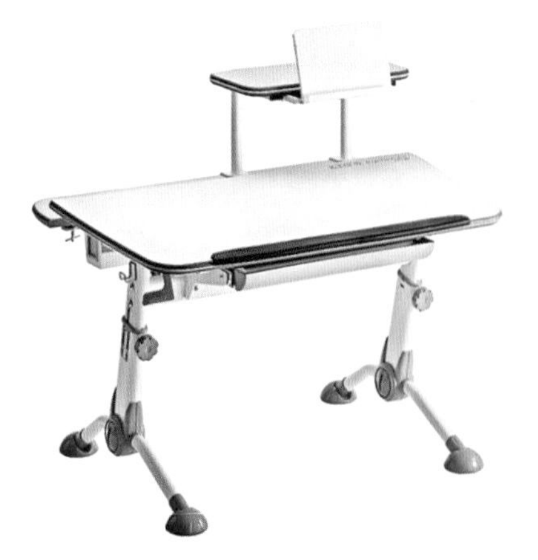

图 4-27　人体工程桌椅展示图

图 4-28　人体工程沙发展示图

不舒适；过低，坐下去之后再站起来都会感到很困难。

三、橱柜流行人体工程学

现如今，厨房不再仅仅是烧菜的地方，它还应该是娱乐、休闲、朋友聚会、沟通情感的家庭场所。因此，我们在选购橱柜时不仅要注意柜体面材的选择，在进行厨房设计时，还应该考虑合理的作业流程和人体工程学设计。合理的作业流程可以让人在厨房保持一份悠然自得的心态，舒适的人体工程学尺度能让人充分感受到人性化的温暖，操作起来也得心应手（见图 4-29、图 4-30）。

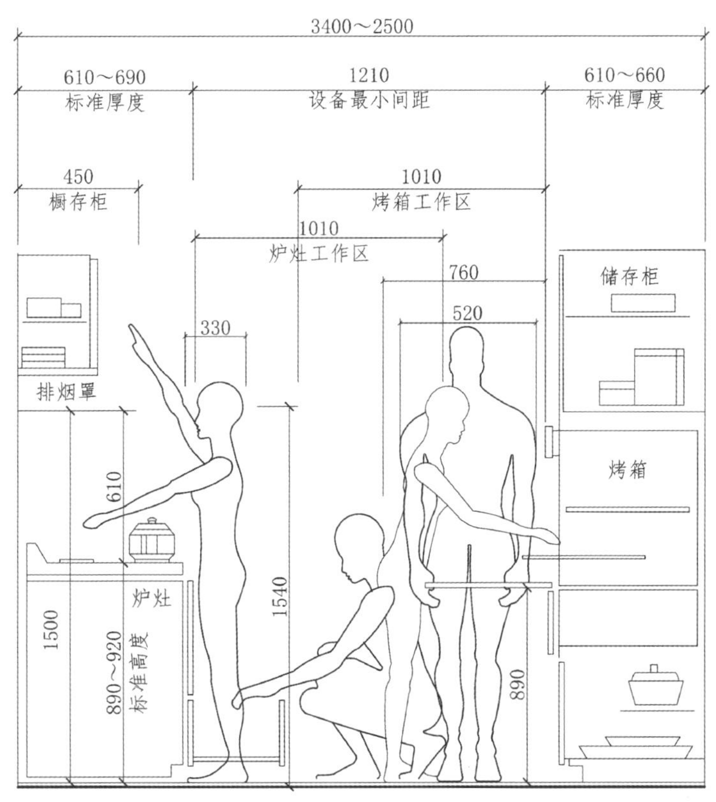

图 4-29　炉灶布置立面示意图

图 4-30　橱柜展示图

第三节
人体尺度与空间

一、人和人际在居住空间活动所需空间

确定人和人际在居住空间活动所需空间的主要依据：根据人体工程学中的有关计测数据，如人体的尺度、动作域、心理

空间以及人际交往的空间等，以确定空间范围（见图 4-31）。

二、家具、设施的形体、尺度及其使用范围

确定家具、设施的形体、尺度及其使用范围的主要依据：家具、设施为人所使用，因此它们的形体、尺度必须以人体尺度为主要依据；同时，人们为了使用这些家具和设施，其周围必须留有活动和使用的最小余地，这些要求都应根据人体工程学科学地予以解决（见图 4-32）。

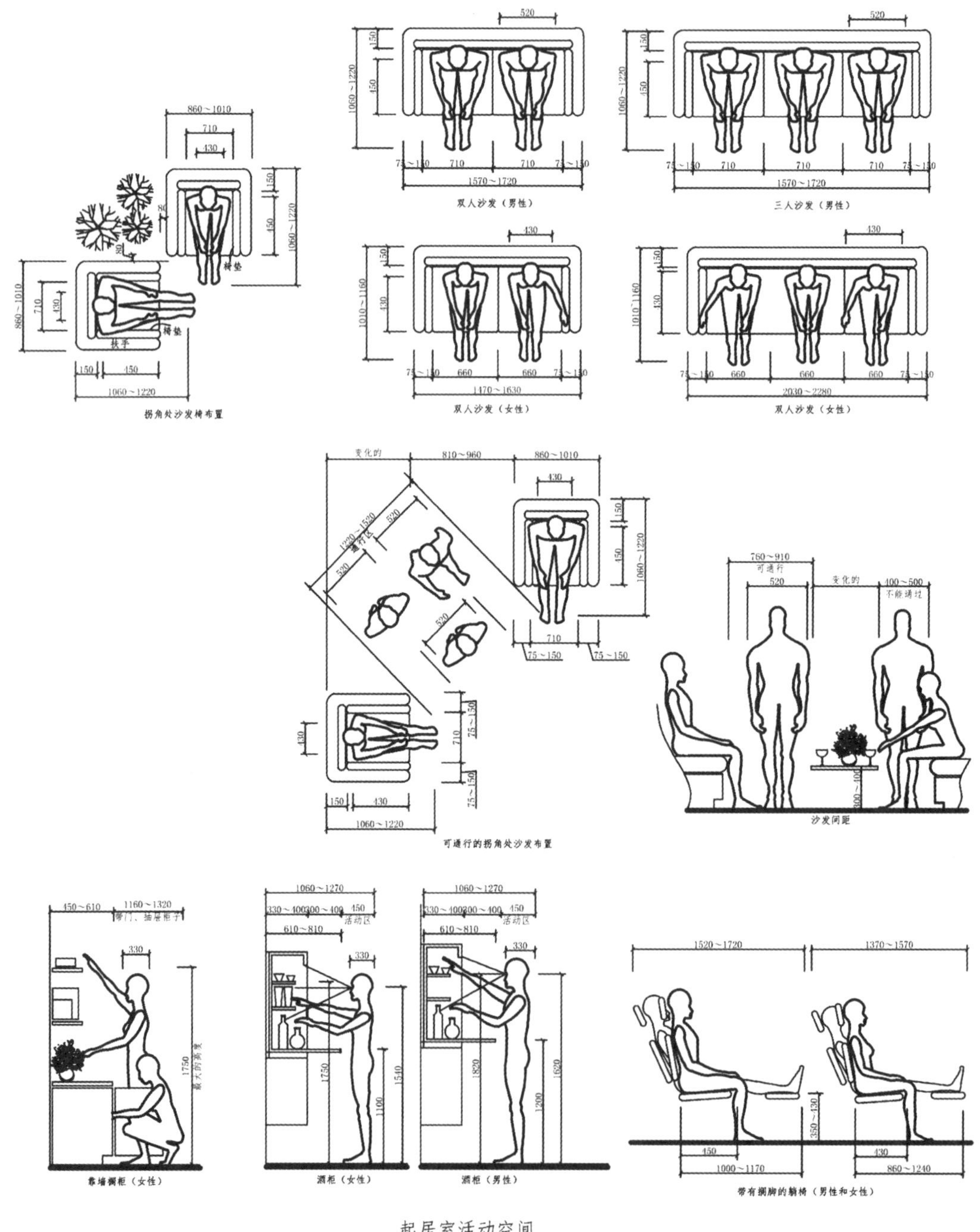

图 4-31　起居室活动空间示意图

图 4-32　人体工程学家具展示图

图 4-33　空间设计展示 (1)

图 4-34　空间设计展示 (2)

图 4-35　空间设计展示 (3)

三、居住空间物理环境的最佳参数

居住空间物理环境主要有居住空间热环境、声环境、光环境、重力环境、辐射环境等，在居住空间设计时应参考上述环境要求的科学参数，以做出正确的决策(见图 4-33)。由各个界面围合而成的居住空间，其形状特征常会使活动于其中的人们产生不同的心理感受。著名建筑师贝聿铭曾对他的作品——具有三角形斜向空间的华盛顿艺术馆新馆——有很好的论述，贝聿铭认为三角形、多灭点的斜向空间常给人以动态和富有变化的心理感受(见图 4-34、图 4-35)。

四、环境心理学原理

环境心理学原理在居住空间设计中的应用有如下几点。

1. 居住空间环境设计应符合人们的行为和心理

例如现代大型商场的居住空间设计，顾客的需求已从单一的购物需求，发展为购物、游览、休闲、娱乐等综合性的需求。且要求尽可能接近商品，亲手挑选比较，由此结合茶座、游乐、托儿等的自选及开架布局的商场应运而生。

2. 认知环境和心理行为模式对组织居住空间的提示

从环境中接受初始刺激的是感觉器官，评价环境或做出相应行为反应或判断的是大脑，因此，“可以说对环境的认知是由感觉器官和大脑一起进行工作的”(见图 4-36)。通过认知环境的过程，结合上述心理行为模式的种种表现，设计者能够从单纯的使用功能、人体尺度等初始的设计依据中，得出组织空间、确定其尺度范围和形状、选择其光照和色调等更为深刻的认知(见图 4-37)。

图 4-36　心理舒适的环境展示 (1)

图 4-37　心理舒适的环境展示 (2)

小贴士

居住空间环境设计应考虑使用者的个性与环境的相互关系。环境心理学从总体上既肯定人们对外界环境的认知有相同或类似的反应，同时也十分重视作为使用者的人的个性对环境设计提出的要求，充分理解使用者的行为、个性，在塑造环境时予以充分尊重，但也可以适当地动用环境对人的行为引导，甚至是一定程度意义上的“制约”。

五、空间与人体工程学

1. 卧室

卧室的面宽不能太小(见图 4-38)，面宽应在 3.3m 以上，现在的人们已不习惯将床摆在窗下，或者摆在卧室的一角。许多家庭都将床置于卧室中间，床的顶端靠墙，左右两边都要留有过道，这样，夫妻两人就可以从左右两侧分别起床，不至于影响对方。床的末端同样要留有过道，

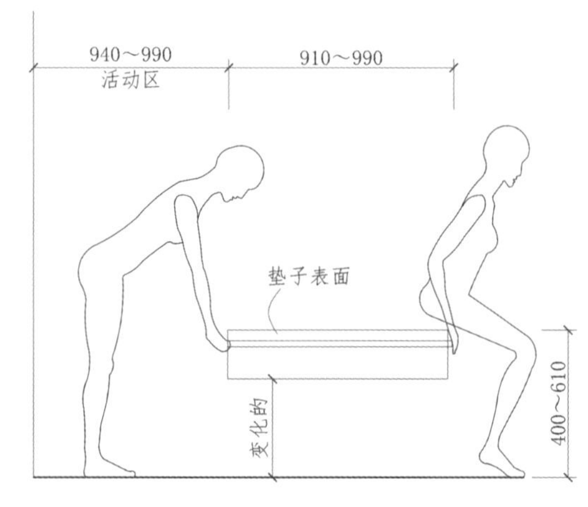

图 4-38　单床间床与墙的间距

而且还应考虑摆放电视的位置，这已成为新的时尚。床的长度不应小于 2m，由此可知，卧室的面宽应保持在 3.3 ~ 3.5m 之间(见图 4-39)。

2. 洗手间

洗手间的面积一般为 4.0m²，近年来，居住空间中的洗手间有越来越大之势，这样的趋势并不好。另有一些居住空间，设计了三四个洗手间，功能重复，华而不实，专家对此颇有微词。通常而言，120m² 以内的两居室，设计两个洗手间便足矣。主洗手间的尺度应略大一点，以彰显生活品位，但是，不能过大，6m² 的主洗手间已经非常宽敞舒适了，可以从容安排洗手台、马桶、浴缸或花洒，当然也可以设计成干湿分离式洗手间，将洗浴与如厕分开。

3. 客厅

客厅是整个居住空间的核心，属于家庭内的公共交往空间，面宽至少 4.2m，大多数客厅之中均需摆放沙发、电视、茶几等物品(见图 4-40)。以前的居室设计人员，多把客厅的面宽设计为 4m 以内，现在看来，这已不符合当今的生活潮流。现代家庭中 30 英寸以上的彩电比比皆是。据科学家测算，人体与彩电之间的距离应大于彩电屏幕宽度的 7 倍，由此可知，客厅的面宽至少应为 4.2m，而且客厅内至少应有两面连贯的完整的墙壁，以便从容投放沙发、电视柜等家具。

4. 厨房

厨房在家庭中必不可少，而且担负着特殊的任务，它既是家庭中的劳动密集型空间，也是技术密集型空间，这里分布着大量的管道和新型设备(见图 4-41)。既然厨房是用来劳作的空间，那么，它必须满足人体工程学的要求。厨房的宽度最好不小于 1.6m，否则除去一侧摆放的厨具、灶具，人的活动空间便非常拥挤。假如厨房的面宽为 2.2m 以上，便可以双向布

图 4-39 卧室床位展示图

图 4-40 客厅展示图

图 4-41 厨房展示图

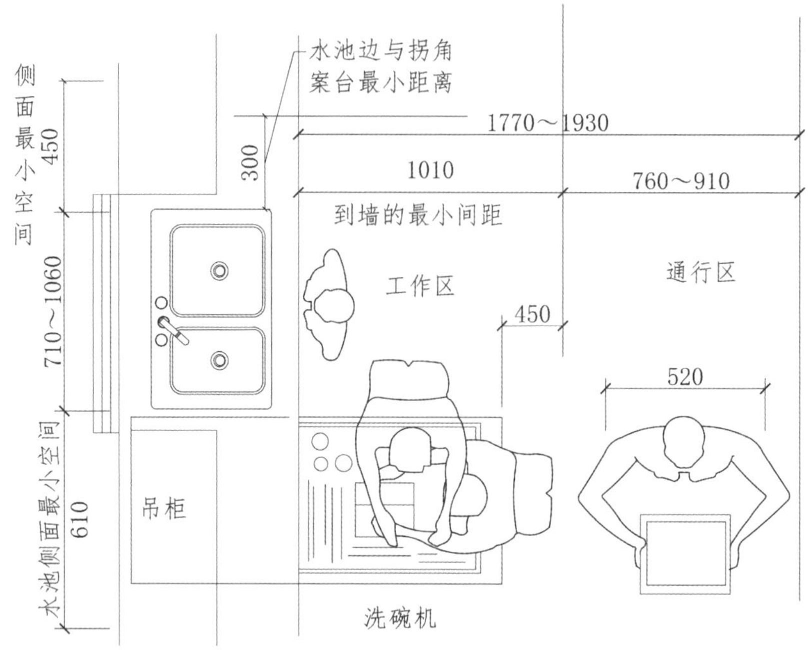

水池边与拐角案台最小距离
侧面最小空间 450
300
1770～1930
1010
760～910
到墙的最小间距
工作区
通行区
450
710～1060
520
水池侧面最小空间 610
吊柜
洗碗机

图 4-42　水池布置尺寸

置厨具与灶具，这是很科学的尺度（见图 4-42）。

第四节
居住空间中人的感知行为

随着居住空间设计学科的不断完善，环境心理学在居住空间设计中的作用日益显现，并且成为现代居住空间设计的指导理论。居住空间设计更加强调“以人为本”的设计理念，强调以人的感受作为设计的终极目标（见图 4-43）。居住空间实实在在地影响着人的心理情绪和身体健康。所以，从人的感受出发，研究人与居住空间环境的关系以及如何创造合适的居住空间环境是必要的。比如居住空间设计中的色彩，对人的视觉是一个十分醒目且敏感的因素，在居住空间设计中举足轻重。色彩一般包括色相、明度和彩度三个基本要素。色相就是色别，即不同色彩的种类和名称；明度是指色彩的明暗程度；彩度也叫饱和度，即标准色。一般黄、绿、灰三色是家居客厅中的主要色彩。灰色给人稳重、高雅的感觉，黄色冲淡了灰的沉闷，而绿色中和了黄的耀眼，形成多彩而不乱的完美统一（见图 4-44）。

图 4-43　以人为本的居住空间设计展示

在居住空间设计中只要充分考虑人的感受，兼顾功能实用性和艺术美观性，就能创造出符合要求的居住空间环境。解决了物质问题，自然会有精神文化层面的要求(见图4-45)。同样，任何种类的设计的开始都是为了满足“用”，居住空间的设计亦不例外。解决了这个基本问题后对美感的追求会随之而来。当然，实用与美观不能割裂，就是既要好用，也要好看(见图4-46)。在当今社会，人们对居住空间环境的要求不仅仅停留在物质层面上，也开始重视精神与情感层面的要求，追求具有人文色彩与文化内涵居住空间环境(见图4-47)。所以要注意设计风格的选择，用不同的设计风格来体现居住者不同的品位、追求和生活方式。白色、黄色是家居客厅中的主要色彩。白色给人稳重高雅的感觉，黄色冲淡了白色的单一(见图4-48)。

图4-44 色彩丰富的居住空间设计展示

图4-45 优秀的居住空间设计展示(1)

图4-46 优秀的居住空间设计展示(2)

图4-47 优秀的居住空间设计展示(3)

图4-48 优秀的居住空间设计展示(4)

小贴士

人性化的居住空间应该能够表达出居住环境应有的亲切感。比如：①尺度宜人，能够为使用者接受。②形成有生活气息的环境。③具备领域感，不同层次的领域能够表达人们可接近的程度。④要有认同感，在环境中能够感知自己生存的文化。居住空间环境也应该直截了当地表达人们的生活，显示居民生命力同建筑形式的对话，摆脱各种形式上的“主义”，与民族文化、生活方式、物质和精神实际的需要相协调，并且能够适应社会发展的需要。

第五节　案例分析：高低床人体尺度设计

现代人注重时尚个性，在居住空间设计中，对于孩子们的卧室，在床的选择上，更多的父母选择了儿童高低床。但由于孩子的特殊性，高低床的比例设计就显得至关重要。儿童高低床拥有简单的结构，占地小，一整套的组合使得卧室更加整洁、优雅、有个性。这样的儿童高低床更符合孩子们的健康，它可以很灵活地变化，使得空间得到充分的利用。下面就介绍一组高低床人体尺度设计案例供读者学习参考（见图 4-49 ~图 4-55）。

图 4-49　高低床比例设计

图 4-50　高低床组合 1

图 4-51　高低床组合 2

图 4-52　高低床组合 3

图 4-53　高低床组合 6

图 4-54　高低床组合 7

图 4-55　具体功能区说明

本／章／小／结

本章通过对人体尺度与家具、空间的关系进行描述，分析了在居住空间中人的感知行为。实际应用中，要注意我们身体的结构尺度和所需要的尺度之间存在着差异，这些需求尺度来自于我们如何与周围的环境发生关系，或者是如何与他人相互影响。这些基本尺度还会随着人的活动的性质和社会情况的变化而变化。

思考与练习

1. 人体工程学中膝腘高度指的是什么？

2. 家居设计的基本要素是什么？

3. 卫生间的面积一般为多大？

4. 人体工程学家具为什么能给人更好的享受？

5. 居住空间对人的性格有无影响？

第五章 采光与照明

章节导读

采光设计旨在提升用户的舒适度和幸福感。人们会以多种方式对光线做出反应，通过认识和感受（而非光度值）来体验光线。采光设计需要考虑到人体对采光的依赖，营造乐趣，创造出“空间”，以及居住空间对其周围环境的影响。

学习难度：★★★☆☆

重点概念：采光形式、采光设计、灯具

采光可分为直接采光和间接采光，直接采光指采光窗户直接向外开设（见图5-1、图5-2）；间接采光指采光窗户朝向封闭式走廊（一般为外廊）、直接采光的厅、厨房等开设。有的厨房、厅、卫生间利用小天井采光（见图5-3）。自然采光通常是指居住空间对自然光的利用，一处称心的房子，采光条件十分重要，其主要房间应有良好的直接采光，并至少有一个主要房间朝向阳面。采光条件良好的居住空间可以节约能源，使人心情舒畅（见图5-4），便于居住空间内部各使用功能的布置。

图5-1　室内采光设计展示(1)

图 5-2　室内采光设计展示 (2)

图 5-3　室内采光设计展示 (3)

图 5-4　室内采光设计展示 (4)

第一节
自然采光设计

太阳光取之不尽，无时无刻不在改变之中，并将变化的天空色彩、光层和气候传送到它所照亮的表面和形体上去。白天，太阳光作为居住空间采光的来源，通过墙面上的窗户进入房间，投落在房间的表面上，使色彩增辉、质感明朗(见图 5-5、图 5-6)。由太阳光而产生的光影图案变化使房间的空间活跃，清晰明朗地表达了居住空间的形体。光和影，对于家居装饰有润色作用(见图 5-7、图 5-8)，使居住空间充盈艺术韵味和生活情趣。日光照明的历史和建筑本身一样悠久，但随着方便、高效的电灯的出现，日光逐渐为人们所忽视。直到最近，人们才重新审视自己一味追求物质享受，过度消耗地球自然资源的不理智行为。

图 5-5　自然采光设计展示 (1)

图 5-6　自然采光设计展示 (2)

图 5-7　自然采光设计展示 (3)

图 5-8　自然采光设计展示 (4)

图 5-9　透光材料效果展示 (1)

一、居住空间自然采光的形式

在建筑的围护结构上开设各种形式的洞口，装上各种透光材料(见图 5-9、图 5-10)，形成某种形式的采光条件。采光按采光形式可分为侧面采光与顶部采光。侧面采光是在居住空间的墙面上开采光口，在建筑上也称开侧窗。侧窗的形式通常是长方形，它的特点是构造简单，光线具有明显的方向性，并具有易开启、防雨、透风、隔热等优点。侧窗一般置于 1m 左右的高度。有些较大型的居住空间将侧窗设置到 2m 以上，称之为高侧窗。从照度的均匀性来看，长方形采光口在居住空间所形成的照度比较均匀。顶部采光是在建

图 5-10　透光材料效果展示 (2)

小贴士

光是建筑空间得以呈现、空间活动得以进行的必要条件之一。尽管目前人工光已经普遍应用于建筑居住空间照明，但是自然光仍然具有人工照明无法替代的优势。

①人眼在自然环境中辨认能力强，舒适度好，不易引起视觉疲劳，有利于视觉健康。

②随着自然采光的亮度强弱变化、光影的移动，在居住空间生活的人们可以感知昼夜的更替和四季的循环，有利于心理健康。

③充分利用自然光有利于建筑节能。另外，在建筑设计中，通过自然光的光影变化可以塑造出不同的效果。

筑物的顶部结构设置采光口（见图 5-11 ~图 5-13），即开天窗。天窗一般有矩形天窗、平天窗、横向天窗、井式天窗等。顶部采光的最大特点是采光量均匀分布，对临近居住空间没有干扰（见图 5-14），常用于大型居住空间。

图 5-11　顶部采光展示 (1)

图 5-12　顶部采光展示 (2)

图 5-13　顶部采光展示 (3)

图 5-14　顶部采光展示 (4)

二、新采光技术解决的问题

充分利用天然光，为人们提供舒适和健康的天然光环境，传统的采光手段已经落后，而新的采光技术可以解决以下三方面的问题。

①解决大进深建筑内部的采光问题。由于建设用地的日益紧张和功能的日趋复杂，建筑物的进深不断加大，仅靠侧窗采光已不能满足建筑物内部的采光要求。

②提高采光质量。传统的侧窗采光，随着窗与窗之间距离的增加，居住空间的照度显著降低。

③解决天然光的稳定性问题。天然光的不稳定性一直都是天然光利用中的一大难点所在，通过日光跟踪系统的使用，可最大限度地捕捉太阳光，在一定的时间内保持居住空间较高的照度值（见图 5-15、图 5-16）。

目前新的采光技术层出不穷，它们往往利用光的反射、折射或衍射等特性，将天然光引入，并且传输到需要的地方。

图 5-15　新采光技术展示 (1)

图 5-16　新采光技术展示 (2)

小贴士

导光管最初主要传输人工光，后逐渐扩展为利用天然采光。导光管主要由三部分组成：收集日光的集光器，传输光的管体部分和控制光线在居住空间分布的出光部分。其中集光器有两种：主动式集光器通过传感器的控制来跟踪太阳，最大限度地采集日光；被动式集光器是固定不动的。管体部分主要是利用光的全反射原理来传输太阳光。光扩散元件部分则是通过漫反射或其他扩散附件来调节阳光进入房间的形式。实际中，垂直方向的导光管被普遍应用，其穿过结构复杂的屋面及楼板，把天然光引入每一层直至地下层。德国柏林波茨坦广场上使用的导光管，直径约为 500mm，顶部装有可随日光方向自动调整角度的反光镜，管体采用传输效率较高的棱镜薄膜制作，可将天然光高效地传输到地下空间，同时也成为广场景观的一部分。北京科技大学体育馆安装了 148 个直径为 530 mm 的光导管。体育馆的钢屋架是网架结构，杆件较多，如果用开天窗的方法采集自然光，会受到杆件遮挡，效果不甚理想，而使用光导管就很好地解决了这个问题。

第二节
人工照明设计

照明指的是使用各种光源 (如人工的灯泡，或自然的日光) 来照亮特定的场所或环境。现代的人工照明主要使用的是电力照明装置，而过去使用的则是煤气灯 (瓦斯灯)、蜡烛、油灯等。利用太阳和天空光的照明方式称“天然采光”；利用人工光源的照明方式称“人工照明”。照明的首要目的是创造可见度良好和舒适愉快的环境。

一、人工照明

人工照明是指创造室内外不同场所的光照环境 (见图 5-17)，补充因时间、气候、地点不同造成的采光不足，以满足工作、学习和生活的需求。人工照明除必须满足功能上的要求外，有些以艺术环境观感为主的场合，如大型门厅、休息室等，应强调艺术效果。因此，不仅在不同场所的照明（如室外照明、道路照明、建筑夜景照明等）上要考虑功能与艺术效果（见图 5-18），而且在灯具（光源、灯罩及附件等）、照明方式上也要考虑功能与艺术的统一。

图 5-17　现代照明展示

图 5-18　照明效果展示

小贴士

要说人工照明，首先要了解照明的基本概念。①光通量：每一波段的辐射能量与该波段相对视见率之乘积的总和，是人的眼睛所能感觉到的辐射能量，单位为 lm。②照度：射到一个表面的光通量的密度，符号为 lx。一盏 40W 白炽灯的光通量约为 340lm，一盏 40W 的荧光灯的光通量为 1700 ～ 1900lm。

二、节能灯

节能灯的正式名称为“紧凑型三基色稀土节能荧光灯”，由于其具备光效高、光衰小、寿命长等特点，成为新一代节能照明产品的佼佼者，在绿色照明推广中起着举足轻重的作用（见图 5-19、图 5-20）。它与普通白炽灯相比，在达到相同照度的情况下，效率是白炽灯的 5 倍，寿命是白炽灯的 8 倍，节电率高达 80％。

图 5-19　节能灯展示图 (1)

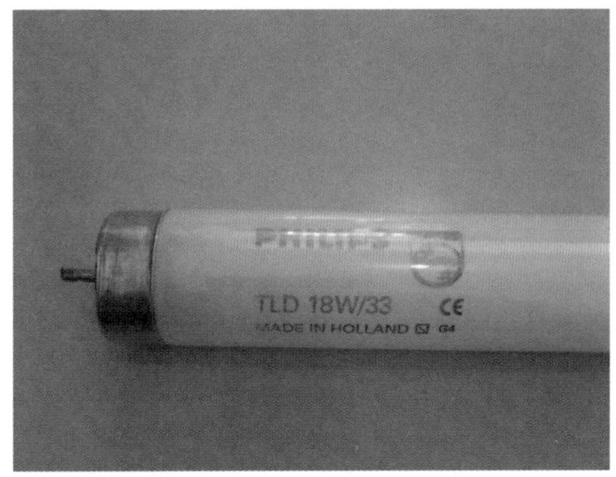

图 5-20　节能灯展示图 (2)

三、绿色照明

在人类对地球温室效应和环境保护的高度重视下，“绿色照明”的概念步入了我们的生活。“绿色照明”源于 20 世纪 90 年代。由于全球面临能源和生态

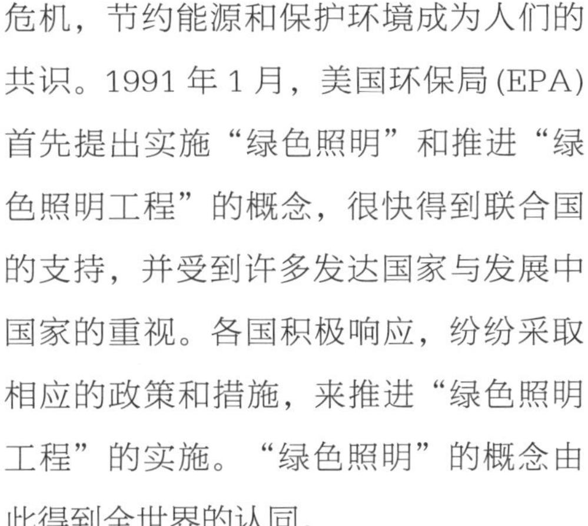

危机，节约能源和保护环境成为人们的共识。1991 年 1 月，美国环保局 (EPA) 首先提出实施“绿色照明”和推进“绿色照明工程”的概念，很快得到联合国的支持，并受到许多发达国家与发展中国家的重视。各国积极响应，纷纷采取相应的政策和措施，来推进“绿色照明工程”的实施。“绿色照明”的概念由此得到全世界的认同。

四、人工照明灯具的分类

人工照明灯具按风格分为现代风格和古典风格 (见图 5-21)。现在业内流行一个新的名词——后现代风格，是从现代风格演变而来的一种新风格。后现代风格有很强的现代感，但又和现代风格有本质区别。

按全球地区分为中国风格 (见图 5-22)、欧式风格 (见图 5-23)、中东风格、韩国风格等。

按灯具种类分为吊灯 (见图 5-24)、落地灯 (见图 5-25)、吸顶灯 (见图 5-26)、台灯 (见图 5-27)、壁灯、天花灯和筒灯等。

图 5-21　现代风格的人工照明展示

图 5-22　中国风格的人工照明展示

图 5-23　欧式风格的人工照明展示

图 5-24　吊灯

图 5-25　落地灯

图 5-27　台灯

图 5-26　吸顶灯

图 5-28　庭院灯

按场景可分为室内(居住空间)和室外两种。吊灯、落地灯、吸顶灯等为居住空间装饰性灯饰，庭院灯、景观灯等为室外灯饰(见图 5-28)。

按主体所用材质可分为水晶、云石、玻璃、铜、锌合金、不锈钢、亚克力(塑胶和塑料)等，在设计制作时这些材料是共用的。

应根据自己的实际需求和个人喜好来选择灯具的样式。比如注重灯的实用性，就应挑选黑色、深红色等深色系镶边的吸顶灯或落地灯；若注重装饰性又追求现代化风格，就可选择较活泼的灯饰；如果喜爱民族特色造型的灯具，则可以选择雕塑工艺落地灯。

灯具的色彩应与家居环境的装修风格相协调(见图 5-29)。居室灯光的布置必须考虑居住空间家具的风格、墙面的色泽、家用电器的色彩，否则灯光与居室的整体色调不一致，反而会弄巧成拙。比如居住空间墙纸的色彩是浅色系的，就应以暖色调的白炽灯为光源，这样就可营造出明亮、柔和的光环境。

灯具的大小要结合居住空间的面积(见图 5-30、图 5-31)、家具的多少及相应尺寸来配置。如 12 m^2 以下的小客厅宜采用直径为 200mm 以下的吸顶灯或壁灯，灯具数量、大小应配合适宜，以免显得过于拥挤。面积为 15 m^2 左右的客厅，应采用直径为 300mm 左右的吸顶灯或多叉花饰吊灯，灯的直径最大不得超过 400mm。在挂有壁画的两旁安装射灯或壁灯衬托，效果会更好。

图 5-29　灯具效果展示 (1)

图 5-30　灯具效果展示 (2)

图 5-31　灯具效果展示 (3)

小贴士

灯具如何选购

装饰灯具在选择上相对比较随意，目前市面上装饰灯具琳琅满目，款式齐全。家居装修时，不同家庭可以根据自己的装修风格进行搭配，比如现在很多家庭喜欢水晶灯、日式风格灯、美式风格灯等。另外，还有一些特殊造型的灯具也可以选择，从照明效果看，装饰灯具主要用于装饰，因此有些灯尽管非常好看，但是其功能性相对较差，选择时一定要考虑使用功能。

五、人工照明的要求

考虑人工照明时，应保证一定的照度、适宜的亮度分布并防止产生眩光，选择优美的灯具形式并创造一定的灯光艺术效果（见图 5-32）。通常采用加大灯罩、控制光源不外露等方法来防止产生眩光，同时还可以采取提高光源的悬挂高度、选用间接照明和漫射照明等方式来减弱眩光。

图 5-32　艺术灯

六、灯具的类型

居住空间灯具的设计与选择是居住空间光环境设计的重要一环。如果处理不当就会影响整个居住空间光环境的质量（见图 5-33、图 5-34）。

通常情况下，快捷酒店中灯具的形式有吊灯、吸顶灯、嵌顶灯、槽灯、光龛、发光天棚、台灯、壁灯、立灯、射灯等。由于现代照明工业的迅速发展和生产技术的进步，灯具的种类和样式日新月异，因此对灯具的选择也极为重要。首先，应着眼于居住空间整体的造型风格、色调、环境气氛的需要（见图 5-35、图 5-36）。其次，要重视机能与实效。再次，要考虑灯具与居住空间体量和尺度的关系，做到相宜、得体。灯具是光环境的细胞，光环境又是整个设计的精髓，为此，对居住空间光环境的各个层次，都要综合整体进行设计（见图 5-37）。

图 5-33　居住空间灯光效果展示图 (1)

图 5-37　灯具效果展示 (3)

图 5-34　居住空间灯光效果展示图 (2)

图 5-35　灯具效果展示 (1)

第三节
案例分析：居住空间照明设计

居住空间照明设计是居住空间环境设计的重要组成部分，室内照明设计要给人创造安全和舒适的生活环境。在人们的生活中，光不仅仅是室内照明的条件，而且是表达空间形态、营造环境气氛的基本元素。室内自然光或灯光照明设计在功能上要满足人们多种活动的需要，而且还要重视空间的照明效果。下面就介绍一组居住空间照明设计案例供读者学习参考 (见图 5-38 ~ 图 5-50)。

图 5-36　灯具效果展示 (2)

图 5-38　照明设计 (一)

图 5-39 照明设计（二）

图 5-40 照明设计（三）

图 5-41 照明设计（四）

图 5-42 照明设计（五）

图 5-43 照明设计（六）

图 5-44 照明设计（七）

图 5-45 照明设计（八）

图 5-46 照明设计（九）

图 5-47　照明设计（十）

图 5-48　照明设计（十一）

图 5-49　照明设计（十二）

图 5-50　照明设计（十三）

本／章／小／结

本章讲述了居住空间的自然采光设计和人工照明设计。在实际应用中，人工照明是自然采光的补充，不同室内空间需要不同的照明来营造气氛。还要注意灯光控制的智能化、模式化，即可将控制方式由分开的开关发展为集中遥控，通过设定视听、会客、餐饮、学习、睡眠等组合灯光模式来选择最佳的效果。

思考与练习

1. 侧面采光的特点是什么？

2. 人工照明灯具的种类有哪些？

3. 人工照明灯具该如何选购？

4. 地中海风格客厅应选用什么灯具？为什么？

5. 嵌顶灯与吊灯有哪些区别？

第六章
色彩搭配设计

章节导读

“色彩搭配”这一理念在20世纪末才开始传入中国，近年来，“色彩搭配”已经风靡中国的大江南北，不仅影响着人们的穿衣打扮，还为企业的新型营销策略提供指导，并提高城市与建筑的色彩规划水平，对改善全社会的视觉环境起到了重要的推动作用。

学习难度：★★★☆☆

重点概念：色彩感觉、色彩特征、配色方法、配色原则

第一节 色彩原理

丰富多样的颜色可以分成两个大类，无彩色系和有彩色系。有彩色系的颜色具有色相、纯度、明度三个基本特性，在色彩学上也称为色彩的三大要素或色彩的三属性。饱和度为0的颜色为无彩色系。

一、色彩的种类

1. 无彩色系

无彩色系(见图6-1)是指白色、黑色和由白色、黑色调和形成的各种深浅不同的灰色。无彩色按照一定的变化规律，可以排成一个系列，由白色渐变到浅灰、中灰、深灰，再到黑色，色度学上称为黑白系列。黑白系列中由白到黑的变化，可以用一条垂直轴表示，一端为白，一端为黑，中间有各种过渡的灰色。纯白是理想的完全反射的物体色，纯黑是理想的完全吸收的物体色。可是在现实生活中并不存

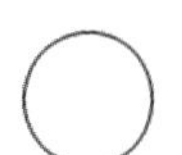     

图6-1 无彩色系明度表

在纯白与纯黑的物体，颜料中采用的锌白和铅白只能接近纯白，煤黑只能接近纯黑。无彩色系的颜色只有一种基本性质——明度。它们不具备色相和纯度的性质，也就是说它们的色相与纯度在理论上都等于零。色彩的明度可用黑白度来表示，愈接近白色，明度愈高；愈接近黑色，明度愈低。黑与白作为颜料，可以调节物体色的反射率，使物体色提高明度或降低明度。

2. 有彩色系

有彩色系是指红、橙、黄、绿、青、蓝、紫等颜色。不同明度和纯度的红、橙、黄、绿、青、蓝、紫色调都属于有彩色系。有彩色是由光的波长和振幅决定的，波长决定色相，振幅决定色调。

二、基本特性

1. 色相

色相是有彩色的最大特征（见图6-2)。所谓色相是指能够比较确切地表示某种颜色色别的名称，如玫瑰红、桔黄、柠檬黄、钴蓝、群青。从光学物理上讲，各种色相是由射入人眼的光线的光谱成分决定的。对于单色光来说，色相的面貌完全取决于该光线的波长；对于混合色光来说，则取决于各种波长的光线的相对量。物体的颜色是由光源的光谱成分和物体表面反射（或透射）的特性决定的。

2. 纯度

色彩的纯度是指色彩的纯净程度（见图6-3)，它表示颜色中所含有色成分的比例。含有色成分的比例愈大，则色彩的纯度愈高，含有色成分的比例愈小，则色彩的纯度也愈低。可见光谱的各种单色光是最纯的颜色，为极限纯度。当一种颜色掺入黑、白或其他彩色时，纯度就产生变化。当掺入的色彩达到很大的比例时，在眼睛看来，原来的颜色将失去本来的光彩，而变成掺和的颜色了。当然，这并不等于说在这种被掺和的颜色里已经不存在原来的色素，而是大量掺入的其他彩色使得原来的色素被同化，人的眼睛已经无法感觉出来了。有色物体色彩的纯度与物体的表面结构有关。如果物体表面粗糙，其漫反射作用将使色彩的纯度降低；如果物体表

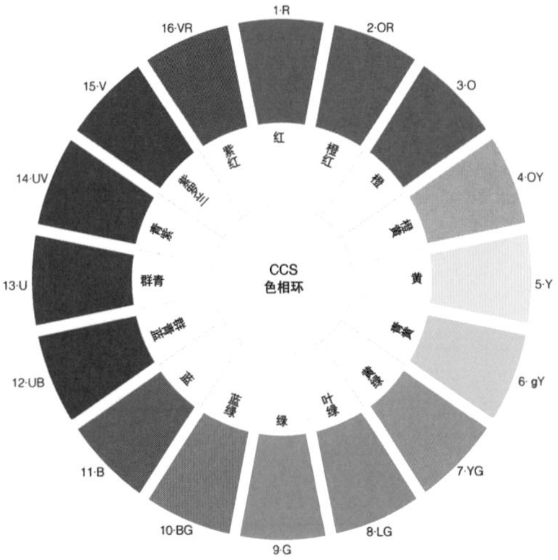

CCS
色相环
1·R 2·OR 3·O 4·OY 5·Y 6·gY 7·YG 8·LG 9·G 10·BG 11·B 12·UB 13·U 14·UV 15·V 16·VR

图6-2 CCS色相环

图6-3 色彩纯度卡

面光滑，那么，全反射作用将使色彩比较鲜艳。

3. 明度

明度是指色彩的明亮程度(见图6-4)。各种有色物体由于它们的反射光量的区别而产生颜色的明暗强弱。色彩的明度有两种情况。一是同一色相不同明度。如同一颜色在强光照射下显得明亮，弱光照射下显得较灰暗、模糊；同一颜色加黑或加白掺和以后也能产生各种不同的明暗层次。二是各种颜色的不同明度。每一种纯色都有与其相应的明度。黄色明度最高，蓝紫色明度最低，红、绿色为中间明度。色彩的明度变化往往会影响到纯度，如红色加入黑色以后明度降低了，同时纯度也降低了；如果红色加白则明度提高了，纯度却降低了。有彩色的色相、纯度和明度三个特征是不可分割的，应用时必须同时考虑这三个因素。

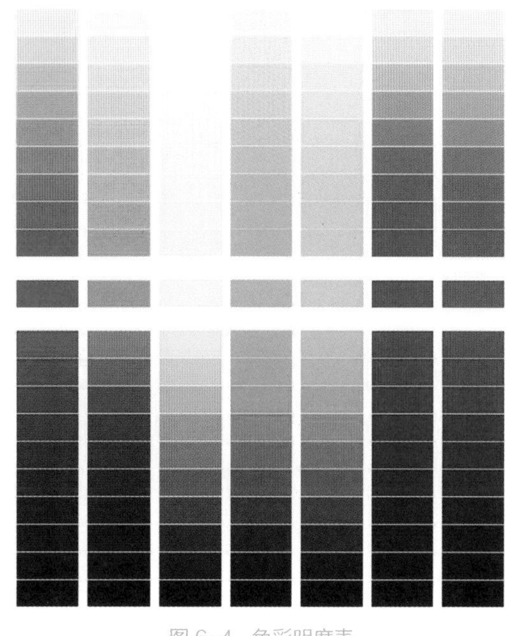

图 6-4　色彩明度表

小贴士

主体色彩是决定画面色调走向的主要色彩，它可能是画面面积最大的一块色彩，也可能是画面纯度最高、最引人注目的一块色彩。主体色的主要性体现在画面其他色彩都要以它为中心而展开，依据主体色的纯度、明度调整自身的色彩，共同形成统一、和谐的画面色调。

第二节　色彩感觉

色彩给人的感觉有冷暖感，兴奋与沉静感，膨胀与收缩感。色彩的冷暖感被称为色性。红、黄、橙等色相给人的视觉刺激强，使人联想到暖烘烘的太阳、火光，感到温暖，所以称为暖色。青色、蓝色使人联想到天空、河流、阴天，感到寒冷，所以称为冷色。凡明度高、纯度高，又属偏红、橙的暖色系，均有兴奋感。凡明度低、纯度低，又属偏蓝、青的冷色系，具有沉静感。同一面积、同一背景的物体，由于色彩不同，会给人造成大小不同的视觉效果。凡明度高的色彩看起来面积较大

（见图 6-5），有膨胀的感觉。凡明度低的色彩看起来面积较小（见图 6-6），有收缩的感觉。

一、不同颜色给人的感觉

1. 红色

红色是强有力的喜庆的色彩，具有感观刺激效果，容易使人产生冲动，是一种雄壮的精神体现，代表愤怒、热情、活力的感觉。

2. 橙色

橙色也是一种激奋的色彩，具有轻快、欢欣、热烈、温馨、时尚的效果。

3. 黄色

黄色明度最高，有温暖感，具有快乐、希望、智慧和轻快的个性，给人灿烂辉煌的感觉。

4. 绿色

绿色介于冷暖色中间，给人和睦、宁静、健康、安全的感觉。绿色和金黄、淡白搭配，产生优雅、舒适的气氛。

5. 蓝色

蓝色永恒、博大，最具凉爽、清新、专业的色彩。蓝色和白色混合，能体现柔顺、淡雅、浪漫的气氛，给人平静、理智的感觉。

6. 紫色

紫色给人神秘、压迫的感觉。

7. 黑色

黑色给人深沉、神秘、寂静、悲哀、压抑的感觉。

8. 白色

白色给人洁白、明快、纯真、清洁的感觉。

9. 灰色

灰色给人中庸、平凡、温和、谦让、中立和高雅的感觉。

二、色彩表现特征

1. 红色

红色的波长最长，穿透力强，感知度高。它易使人联想起太阳、火焰、热血、花卉等物象，感觉温暖、兴奋、活泼、热情、积极、希望、忠诚、健康、充实、饱满、幸福等向上的倾向，但有时也被认为是幼稚 、原始、暴力、危险、卑俗的象征。红色历来是我国传统的喜庆色彩。深红及带紫的红给人感觉是庄严、稳重而又热情

图 6-5　色彩明度高的室内设计展示

图 6-6　色彩明度低的室内设计展示

的色彩，常见于欢迎贵宾的场合。含白的高明度粉红色，则有柔美、甜蜜、梦幻、愉快、幸福、温雅的感觉，几乎成为女性的专用色彩(见图6-7)。

2. 橙色

橙色与红色同属暖色，具有红色与黄色之间的色性，它使人联想起火焰、灯光、霞光、水果等物象，是最温暖、响亮的色彩。橙色使人感觉活泼、华丽、辉煌、跃动、炽热、温情、甜蜜、愉快、幸福等，但也有疑惑、嫉妒、伪诈等消极倾向。含灰的橙色成咖啡色，含白的橙色成浅橙色，俗称血牙色，与橙色本身都是装饰中常用的甜美色彩，也是众多消费者特别是妇女、儿童、青年喜爱的服装色彩(见图6-8)。

图6-7　红色系室内设计展示

图6-8　橙色系室内设计展示

3. 黄色

黄色是所有色相中明度最高的色彩，给人以轻快、光辉、透明、活泼、光明、辉煌、希望、功名、健康等印象(见图6-9)。但黄色过于明亮而显得刺眼，并且与其他色相混极易失去其原貌，故也有轻薄、不稳定、变化无常、冷淡等不良含义。含白的淡黄色感觉平和、温柔，含大量淡灰的米色或本白则是很好的休闲自然色，深黄色却另有一种高贵、庄严感。由于黄色极易使人想起许多水果的表皮，因此它能引起富有酸性的食欲感。黄色还被用作安全色，因为黄色极易被人发现，如室外作业的工作服。

4. 绿色

在大自然中，除了天空和江河、海洋，绿色所占的面积最大，草、叶植物几乎到处可见，它象征生命、青春、和平、安详、新鲜等。绿色最适应人眼的注视，有消除疲劳、调节视觉的功能。黄绿带给人们春天的气息，颇受儿童及年轻人的欢迎(见图6-10)。蓝绿、深绿是海洋、森林的色彩，有着深远、稳重、沉着、睿智等含义。含灰的绿，如土绿、橄榄绿、咸菜绿、墨绿

图6-9　黄色系室内设计展示

图 6-10　绿色系室内设计展示

图 6-11　蓝色系室内设计展示

等色彩，给人以成熟、老练、深沉的感觉，是人们广泛选用及军人规定的服色。

5. 蓝色

蓝色与红色、橙色相反，是典型的冷色，表示沉静、冷淡、理智、高深、透明等含义。随着人类对太空事业的不断开发，它又有了象征高科技的强烈现代感（见图 6-11）。浅蓝色系明朗而富有青春朝气，为年轻人所钟爱，但也有不够成熟的感觉。深蓝色系沉着、稳定，为中年人普遍喜爱的色彩。群青色充满着动人的深邃魅力，藏青则给人以大度、庄重印象。靛蓝、普蓝因在民间广泛应用，似乎成了民族特色的象征。当然，蓝色也有其另一面的性格，如刻板、冷漠、悲哀、恐惧等。

6. 紫色

紫色具有神秘、高贵、优美、庄重、奢华的气质，有时也让人感到孤寂、消极等情绪。尤其是较暗或含深灰的紫，易给人以不祥、腐朽、死亡的印象。但含浅灰的红紫或蓝紫色，却有着类似太空、宇宙的幽雅、神秘之感，为现代生活所广泛采用（见图 6-12）。

图 6-12　紫色系室内设计展示

7. 黑色

黑色为无色相、无纯度之色。黑色往往给人沉静、神秘、严肃、庄重、含蓄之感，另外，也易让人产生悲哀、恐怖、不祥、沉默、消亡、罪恶等消极印象。尽管如此，黑色的组合适应性极广，无论什么色彩特别是鲜艳的纯色与其相配，都能取得赏心悦目的效果（见图 6-13）。但是不能大面积使用黑色，否则，不但其魅力大大减弱，而且会产生压抑、阴沉的恐怖感。

8. 白色

白色给人的印象为洁净、光明、纯真、清白、朴素、卫生、恬静等。在白色的衬托下，其他色彩会显得更鲜丽、更明朗。但多用白色还可能产生平淡无味的单调、空虚之感（见图 6-14）。

9. 灰色

灰色是中性色，其突出的性格为柔和、细致、平稳、朴素、大方。灰色不像黑色与白色那样会明显影响其他的色彩，因此，其可作为非常理想的背景色彩。任何色彩都可以和灰色相混合，略有色相感的含灰色能给人以高雅、细腻、含蓄、稳重、精致、文明而有素养的高档感觉（见图 6-15）。当然滥用灰色也易暴露其乏味、寂寞、忧郁、无激情、无兴趣的一面。

10. 土褐色

含一定灰色的中、低明度的各种色彩，如土红、土绿、熟褐、生褐、土黄、咖啡、古铜、驼绒、茶褐等色，性格都显得不太强烈，且易与其他色彩配合，特别是和鲜艳色相伴，效果更佳。以上色彩也容易使人想起金秋的收获季节，均有成熟、谦让、丰富、随和之感（见图 6-16）。

11. 光泽色

除了金、银等贵金属色以外，所有色彩带上光泽后，都有其华美的特色。金色富丽堂皇，象征荣华富贵；银色雅致高贵，象征纯洁、信仰，比金色温和。它们与其他色彩都能配合，几乎达到“万能”的程度。小面积点缀，具有醒目、提神的作用，大面积使用则会产生过于眩目的负面影响，显得浮华而失去稳重感。如若巧妙使用、装饰得当，不但能起到画龙点睛的作用，还可产生强烈的现代高科技美感（见图 6-17）。

图 6-13　黑色系室内设计展示

图 6-14　白色系室内设计展示

图 6-15　灰色系室内设计展示

图 6-16　土褐色系室内设计展示

小贴士

色彩的感觉

色彩有前进感与后退感。暖色和明色给人以前进的感觉；冷色和暗色给人以后退的感觉。色彩有轻重感。高明度的色彩给人以轻的感觉；低明度的色彩给人以重的感觉。

三、色彩视觉

1. 色彩的冷、暖感

色彩本身并无温度差别，是视觉色彩引起人们对冷、暖感觉的心理联想。

(1) 暖色：人们见到红、红橙、橙、黄橙、红紫等色后，马上联想到太阳、火焰、热血等物象，产生温暖、热烈、危险等感觉。

(2) 冷色：人们见到蓝、蓝紫、蓝绿等色后，很容易联想到太空、冰雪、海洋等物象，产生寒冷、理智、平静等感觉（见图 6−18）。

图 6−17　光泽色系室内设计展示

图 6−18　冷色系室内设计展示

色彩的冷、暖感，不仅表现在固定的色相上，而且在比较中还会显示其相对的倾向性。绿色和紫色是中性色。黄绿、蓝、蓝绿等色使人联想到草、树等植物，产生青春、生命、和平等感觉。紫、蓝紫等色使人联想到花卉、水晶等，故易产生高贵、神秘的感觉。黄色，一般被认为是暖色，因为它使人联想起阳光、光明等，但也有人视它为中性色。当然，柠檬黄感觉偏冷，而中黄则感觉偏暖。

2. 色彩的轻、重感

色彩的轻、重感主要与色彩的明度有关。明度高的色彩使人联想到蓝天、白云、彩霞及花卉，还有棉花、羊毛等，产生轻柔、飘浮、上升、敏捷、灵活等感觉。明度低的色彩易使人联想到钢铁、大理石等，产生沉重、稳定、降落等感觉。

3. 色彩的软、硬感

色彩的软、硬感主要也来自色彩的明度，但与纯度也有一定的关系。明度越高感觉越软，明度越低则感觉越硬。明度高、纯度低的色彩有软感，中纯度的色彩也呈柔感，因为它们易使人联想起骆驼、狐狸、猫、狗等动物的皮毛，还有毛呢、绒织物等。高纯度、低明度的色彩都呈硬感，明度越低则硬感越强(见图 6-19)。色相与色彩的软、硬感几乎无关。

4. 色彩的前、后感

色彩的前、后感起因于各种不同波长的色彩在人眼视网膜上的成像位置不同。红、橙等光波长的色在视网膜后面成像，感觉比较迫近，蓝、紫等光波短的色则在视网膜外侧成像，在同样距离内感觉就比较远。

实际上这是一种视错觉现象，一般暖色、纯色、高明度色、强烈对比色、大面积色、集中色等有前进感觉，相反，冷色、浊色、低明度色、弱对比色、小面积色、分散色等有后退感觉。

5. 色彩的大、小感

由于色彩有前、后的感觉，因而暖色、高明度色等有扩大、膨胀感，冷色、低明度色等有显小、收缩感。

6. 色彩的华丽、质朴感

色彩的三要素对华丽或质朴感都有影响，其中纯度关系最大。明度高、纯度高、丰富、强对比的色彩感觉华丽、辉煌。明度低、纯度低、单纯、弱对比的色彩感觉质朴、古雅。但无论何种色彩，如果带上光泽，都能获得华丽的效果。

图 6-19　硬感式室内设计展示

7. 色彩的活泼、庄重感

暖色、高纯度色、丰富多彩色、强对比色感觉跳跃、活泼、有朝气，冷色、低纯度色、低明度色感觉庄重、严肃。

8. 色彩的兴奋与沉静感

影响色彩的兴奋与沉静感的最明显的因素是色相，红、橙、黄等鲜艳而明亮的色彩给人以兴奋感，蓝、蓝绿、蓝紫等色使人感到沉着、平静。绿和紫为中性色，没有这种兴奋或沉静的感觉。纯度的影响也很大，高纯度色呈兴奋感，低纯度色呈沉静感。

9. 颜色搭配原则

颜色的搭配原则如下：冷色 + 冷色；暖色 + 暖色；冷色 + 中间色；暖色 + 中间色；中间色 + 中间色；纯色 + 纯色；净色(纯色)+ 杂色；纯色 + 图案。

第三节
配色与色调

所谓配色，简单来说就是将颜色摆在适当的位置。色彩是通过人的印象或者联想来产生心理上的影响，而配色的作用就是通过改变空间的舒适程度和环境气氛来满足消费者的各方面的要求(见图 6-20)。

图 6-20　室内设计配色展示

一、配色的定义

配色就是在红、黄、蓝三种基本颜色的基础上，配出令人喜爱、符合要求、经济耐用的色彩。另外，通过配色、着色还可达到某种应用上的要求。如塑料着色可赋予塑料多种功能，提高塑料耐光性和耐候性，增强导电性和抗静电性；不同颜色的农地膜具有除草、避虫、育秧等作用。

二、配色原理

颜色的种类非常多，不同的颜色会给人不同的感觉。红、橙、黄使人感到温暖和欢乐（见图 6-21）；蓝、绿、紫使人感到安静和清新（见图 6-22）。颜色可以互相混合，将不同的原来颜色混合，产生不同的新颜色，混合方法分为以下几种：

(1) 颜色色光的相加混合；

(2) 颜色色料混合；

(3) 颜色色料的相减混合；

(4) 颜色色光混合。

颜色色料混合一般应用红、黄、蓝三种颜色色料互相混合。红色可让红色波长透过，吸收绿色及其余附近的颜色波长，令人感受到红色。黄色、蓝色也是同样道理。当黄、蓝混合时，黄色颜料吸收短的波段，蓝色颜料吸收长的波段，剩下中间绿色波段透过，令人们感受到绿色。同样，红、黄混合时剩下 560 nm 以上较长的波段透过而成为橙色。红、蓝混合在一起成为紫色。以红、黄、蓝为原色，两种原色相拼而成的颜色称为间色，分别有橙、绿、紫。由两种间色相拼而成的称为复色，分别有橄榄、蓝灰、棕色。此外，原色或间色亦可混入白色和黑色而调出深浅不同的颜色。在原色或间色中加入白色便可配出浅红、粉红、浅蓝、湖水蓝等颜色；若加入不同份量的黑色，便可配出棕、深棕、黑绿等不同颜色。

图 6-21　暖色系室内设计

图 6-22　冷色系室内设计

小贴士

配色主要有两种方式，一是通过色彩的色相、明度、纯度的对比来控制视觉刺激，达到配色的效果；另一种是通过心理层面的感观传达，间接性地改变颜色，从而达到配色的效果。

三、常用主色配色方案与直观联想

1. 红色

红色的色感温暖，性格刚烈而外向，是一种对人刺激性很强的色。红色容易引起人的注意(见图6-23)，使人兴奋、激动、紧张、冲动，还容易造成视觉疲劳。在红色中加入少量的黄，会使其热性强盛，趋于躁动、不安；在红色中加入少量的蓝，会使其热性减弱，趋于文雅、柔和；在红色中加入少量的黑，会使其性格变得沉稳，趋于厚重、朴实；在红色中加入少量的白，会使其性格变得温柔，趋于含蓄、羞涩、娇嫩。

2. 黄色

黄色的性格为冷漠、高傲、敏感，具有扩张和不安宁的视觉印象。黄色在各种色彩中最为娇气。只要在纯黄色中混入少量的其他色，其色相感和色性格均会发生较大程度的变化(见图6-24)。在黄色中加入少量的蓝，会使其转化为一种鲜嫩的绿色，其高傲的性格也随之消失，趋于一种平和、潮润的感觉；在黄色中加入少量的红，则具有明显的橙色感觉，其性格也会从冷漠、高傲转化为一种有分寸感的热情、温暖；在黄色中加入少量的黑，其色感和色性变化最大，成为一种具有明显橄榄绿的复色印象，其色性也变得成熟、随和；在黄色中加入少量的白，其色感变得柔和，其性格中的冷漠、高傲被淡化，趋于含蓄，易于接近。

3. 蓝色

蓝色的色感较冷，性格朴实而内向，

图6-23　红色系室内设计

图6-24　黄色系室内设计

是一种有助于头脑冷静的颜色。蓝色的朴实、内向的性格，常为那些性格活跃、具有较强扩张力的色彩，提供一个深远、广博、平静的空间（见图 6-25），成为衬托活跃色彩的友善而谦虚的朋友。蓝色还是一种在淡化后仍然能保持较强个性的色。如果在蓝色中分别加入少量的红、黄、黑、橙、白等色，均不会对蓝色的性格构成较明显的影响力。

4. 绿色

绿色是具有黄色和蓝色两种成分的色（见图 6-26）。在绿色中，将黄色的扩张感和蓝色的收缩感相中和，将黄色的温暖感与蓝色的寒冷感相抵消。这样使得绿色给人以平和、安稳、柔顺、恬静、优美的感觉。在绿色中黄的成分较多时，其性格就趋于活泼、友善，具有幼稚性；在绿色中加入少量的黑，其性格就趋于庄重、老练、成熟；在绿色中加入少量的白，其性格就趋于洁净、清爽、鲜嫩。

图 6-25　蓝色系室内设计

5. 紫色

紫色的明度在有彩色的色料中是最低的。紫色的低明度给人一种沉闷、神秘的感觉（见图 6-27）。在紫色中红的成分较多时，具有压抑感、威胁感；在紫色中加入少量的黑，其感觉就趋于沉闷、伤感、恐怖；在紫色中加入白，可使紫色沉闷的性格消失，变得优雅、娇气，并充满女性的魅力。

6. 白色

白色的色感光明，性格朴实、纯洁、快乐。白色具有圣洁的不容侵犯性（见图 6-28）。如果在白色中加入其他任何色，都会影响其纯洁性，使其性格变得含蓄。在白色中混入少量的红，就成为淡淡的粉色，鲜嫩而充满诱惑；在白色中混入少量的黄，则成为一种乳黄色，给人一种香腻的印象；在白色中混入少量的蓝，给人感觉清冷、洁净；在白色中混入少量的橙，

图 6-26　绿色系室内设计

图 6-27　紫色系室内设计

图 6-28　白色系室内设计

图 6-29　同类色室内设计

有一种干燥的气氛；在白色中混入少量的绿，给人一种稚嫩、柔和的感觉；在白色中混入少量的紫，可诱导人联想到淡淡的芳香。

7. 同类色相配

同类色相配指深浅、明暗不同的两种同类颜色相配（见图 6-29），比如青配天蓝，墨绿配浅绿，咖啡配米色，深红配浅红等。同类色配合的服装显得柔和、文雅。

8. 相似色相配

相似色相配指两个比较接近的颜色相配（见图 6-30），如红色与橙红或紫红相配，黄色与绿色或橙黄色相配等。近似色的配合效果比较柔和。

9. 异色相配

异色相配指两个相隔较远的颜色相配（见图 6-31）。如黄色与紫色， 红色与青绿色，这种配色比较强烈。

10. 补色相配

补色相配指两个相对色的配合。如红和绿，青和橙，黑和白等。补色相配能形成鲜明的对比，有时会收到较好的效果。

图 6-30　相似色室内设计

图 6-31　异色配合室内设计

11. 准补色的配色

红与绿、蓝与黄等是补色前面的“准备色”，其配色成为非常华丽的组合。

12. 无色彩和有色彩的配色

无色彩与有色彩的组合最好是以明度

小贴士

色调与色彩的关系是密不可分的，色彩关系有序、合理，画面色调感就强；色彩关系凌乱无序，画面就缺少色调感。换句话说，要想获得画面的整体色调，就必须建立和谐、统一的画面色彩关系，推敲用色的纯度、明度，并对色彩进行适当的归纳与概括。对现实的色彩进行归纳与概括，或者说准确把握一幅画面的整体色彩关系，是完成一幅作品的必要条件。如果在落笔前就能明确表现出对象的整体色调，那么局部色彩也会随之变得明确而容易把握，色彩的整体关系就不会出现大的偏差，这时，色调就成了作画者对缤纷的自然色彩进行归纳和概括的有效手段。

为中心来进行配色。因此，明度（明亮度）差距愈大，愈能给人强烈的感受，能强调有色彩具有的感觉。明度相近的纯粹色彩的组合能强调摩登的感受。

四、色彩搭配的配色原则

1. 色调配色

色调配色指将具有某种相同性质（冷暖调，明度，艳度）的色彩搭配在一起（见图 6-32），色相越全越好，最少为三种色相以上。比如，同等明度的红、黄、蓝搭配在一起。大自然的彩虹就是很好的色调配色。

图 6-32　色调配色室内设计

2. 近似配色

近似配色为选择相邻或相近的色相进行搭配。这种配色因为含有三原色中某一共同的颜色，所以很协调，又因其色相接近，所以也比较稳定。如果是单一色相的浓淡搭配则称为同色系配色。出彩搭配：紫配绿，紫配橙，绿配橙。

3. 渐进配色

渐进配色按色相、明度、艳度三要素之一的程度高低依次排列颜色。 特点是即使色调沉稳，也很醒目，尤其是色相和明度的渐进配色。彩虹既是色调配色，也属于渐进配色。

4. 对比配色

对比配色用色相、明度或艳度的反差进行搭配，有鲜明的强弱（见图 6-33）。其中，明度的对比给人明快清晰的印象，可以说只要有明度上的对比，配色就不会太失败。比如，红配绿，黄配紫，蓝配橙。

5. 单重点配色

单重点配色让两种颜色形成面积的大反差。“万绿丛中一点红”就是单重点配色。单重点配色也是一种对比，相当于一种颜色做底色，另一种颜色做图形。

6. 分隔式配色

如果两种颜色比较接近，看上去不分明，可以将对比色加在这两种颜色之间，整体效果就会很协调了。最简单的加入色是无色系的颜色和米色等中性色。

7. 夜配色

严格来讲夜配色不算是真正的配色技巧，但很有用。高明度或鲜亮的冷色与低明度的暖色配在一起，称为夜配色或影配色。它的特点是神秘、遥远，充满异国情调、民族风情(见图 6-34)。

图 6-33　对比配色室内设计

图 6-34　夜配色室内设计

第四节 居住空间配色方法

色彩是富有感情且充满变化的。大胆选用喜爱的颜色来打破一成不变的白色调，就能使居住空间出色动人(见图 6-35)。色彩搭配的好坏，对于房间的整体风格有很大的影响。

在房间的布色中要有几个重点，如墙面、地面、天花板等面积比较大的地方，要用浅色调做底色。特别是天花板，如果选用较重的颜色会给人屋顶很低的感觉。居住空间的装饰品、挂饰等面积小的物品可用与墙面、地面、天花板的色调对比的颜色，显得鲜艳，充满生气。在装饰品的选择上应尽量体现主人的个性。整个房间的基调是由家具、窗帘、床单等组成的，色调可与墙面形成对比(见图 6-36)。色彩是相对而言的，因此并没有十分精确的标准，但都要与家中整体风格相一致。

一、居室色彩搭配方法

1. 轻快玲珑色调

中心色为黄、橙色。地毯为橙色，窗帘、

图 6-35　居住空间配色展示 (1)

图 6-36 居住空间配色展示 (2)

图 6-37 轻快玲珑色调居室设计

床罩用黄白印花布，沙发、天花板用灰色调，加一些绿色植物衬托（见图 6-37)，气氛别致。

2. 轻柔浪漫色调

中心色为柔和的粉红色。地毯、灯罩、窗帘用红色加白色调，家具为白色，房间局部点缀淡蓝色，有浪漫气氛。

3. 典雅靓丽色调

中心色为粉红色。沙发、灯罩为粉红色，窗帘、靠垫用粉红印花布，地板淡茶色，墙壁奶白色（见图 6-38)，此色调适合年轻女性的房间。

图 6-38 典雅靓丽色调居室设计

4. 典雅优美色调

中心色为玫瑰色和淡紫色。地毯为浅玫瑰色，沙发用比地毯浓一些的玫瑰色，窗帘可选淡紫色印花，灯罩和灯杆用玫瑰色或紫色，放一些绿色的靠垫和盆栽植物点缀，墙和家具用灰白色，可取得雅致、优美的效果。

5. 华丽清新色调

中心色为酒红色、蓝色和金色。沙发用酒红色，地毯为暗土红色，墙面用明亮的米色，局部点缀金色，再加一些蓝色作为辅助，即成华丽、清新的格调。

二、居室色彩选择技巧

1. 根据职业特点选择

不同颜色进入人的眼帘，刺激大脑皮层，使人产生冷、热、深、浅、明、暗的感觉，产生安静、兴奋、紧张、轻松的情绪效应。利用这种情绪效应调节“兴奋灶”，可以减少或消除职业性疲劳。居住空间色彩最好选择绿色或蓝色（见图 6-39)，使视神经从“热”感觉过渡到“冷”视野。

2. 根据房屋面积和家具选择

一般小型化结构的居住空间以单色为宜，采用较明亮的色彩，如浅黄、奶黄，以增加居住空间的开阔感（见图 6-40)，利用居住空间色彩衬托家具，使居住空间或显朴素大方或显庄重高雅。

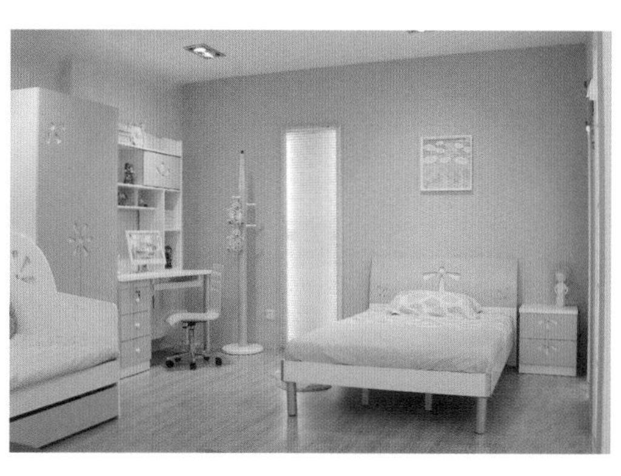

图 6-39　蓝绿色居住空间设计

图 6-40　浅黄色居住空间设计

3. 根据居住空间环境选择

如果居住空间周围建筑物有红砖墙或红色涂料墙的光线反射，那么居住空间色彩就不宜用绿色或蓝色，而宜用奶黄色。如果窗外有大片树木、绿地的绿色光线反射，墙面也宜用浅黄或米黄色。

三、居室色彩搭配原则

具有“阳光味”的黄色调会给人的心灵带来暖意(见图 6-41)，向北或向东开窗的房间可尝试运用。看惯了统一的色调，不如采用活泼的色彩组合，粉红色配玫瑰白(见图 6-42)，搭配同样色系组合的窗帘、沙发、靠垫，委婉而多情。冷灰色通常给人粗糙、生硬的印象，在宽敞而光线明媚的房间里，大胆选用淡灰色(见图 6-43)，反而会使白色床具和窗棂更为素净、高雅。另外，穿插一些讨人喜欢的

图 6-41　黄色调居室设计

图 6-42　粉白色居室设计

图 6-43　冷灰色居室设计

颜色，如一瓶鲜花，一组春意盎然的靠垫，可为房间增添一份生机与活力。蓝色有镇定情绪的作用，非常适合富有理智感的人选择。但大面积地运用蓝色，反而会使房间显得狭小而黑暗，穿插一些纯净的白色(见图 6-44)，会让这种感觉有所缓和。灰绿色具有怀旧的个性，粗线条的运用显现出墙板本身的条纹与疤结，使怀旧的味道得以延伸。橙色系时时散发着水果的甜润，适合搭配柔软的家饰来强调这种自然

图 6-44　蓝色居室设计

图 6-45　浅色系室内设计 (1)

图 6-46　浅色系室内设计 (2)

的温馨。

四、居住空间配色注意事项

空间配色不得超过三种，其中白色、黑色不算色；金色、银色可以与任何颜色相陪衬，金色不包括黄色，银色不包括灰白色。在没有设计师指导的情况下，家居最佳配色灰度是墙浅、地中、家具深。厨房不宜使用暖色调，黄色色系除外；不宜采用深绿色的地砖；不宜把不同材质但色系相同的材料放在一起；不宜选用那些印有大花小花的东西，植物除外，尽量使用素色的设计 (见图 6-45、图 6-46)。非封闭贯穿的空间，必须使用同一配色方案；不同的封闭空间，可以使用不同的配色方案； 在一般的居住空间设计中，都会将颜色限制在三种之内。当然，以上不是绝对的，由于专业的居住空间设计师熟悉更深层次的色彩关系，用色可能会超出三种，但一般只会超出一种或两种。

五、限制三种颜色的定义

三种颜色是指在同一个相对封闭的空间内，包括天花、墙面、地面和家私的颜色。客厅和主卧房可以有各成系统的不同配色，但如果客厅和餐厅是连在一起的则视为同一空间；白色、黑色、灰色、金色、银色不计算在三种颜色的限制之内。金色和银色一般不能同时存在，在同一空间只能使用其中一种；图案类以其呈现色为准。

六、居室色彩搭配的三大经典

色彩搭配是服装搭配的第一要素，在家居装饰中也是如此。在居住空间设计开始时就要有一个整体的配色方案，以此确定装修色调和家具以及家饰品的选择。

1. 白 + 蓝 = 浪漫温情

一般人在家居设计时，不太敢尝试过于大胆的颜色，认为还是使用白色比较安全。如果喜欢用白色，可以用白 + 蓝的配色，就像希腊的小岛上，所有的房子都是白色，但天空是淡蓝的，海水是深蓝的，把白色的清凉与无瑕表现出来。这样的白，令人感到十分自由(见图6-47)，好像是属于大自然的一部分，令人心胸开阔，居家空间似乎像海天一色的大自然一样开阔自在。

2. 黑＋白＝现代简约

黑＋白可以营造出强烈的视觉效果，而近年来流行的灰色融入其中，可缓和黑与白的视觉冲突感觉(见图6-48)，从而营造出另外一种不同的风味。三种颜色搭配出来的空间中，充满冷调的现代与未来感。在这种色彩情境中，会由简单而产生出理性、秩序与专业感。

3. 蓝＋橙＝现代复古

以蓝色系与橙色系为主的色彩搭配，表现出现代与传统，古与今的交汇，碰撞出兼具超现实与复古风味的视觉感受。蓝色系与橙色系原本又属于强烈的对比色系，只是在色度上有些变化，这两种色彩能给予空间一种新的生命(见图6-49)。

图6-48　黑＋白设计

图6-47　白＋蓝设计

图6-49　蓝＋橙设计

小贴士

居室的色彩在空间上也很有讲究，客厅大多以中性色为主，即界于冷、暖色之间的颜色。而天花板、墙面的颜色明度应较高，地面明度较高则可给人以明快、亲切、稳重的感觉，再配上深色的茶几等摆设则更好。餐厅是人们用餐的地方，应以暖色、中性色为主，再加上颜色鲜艳的台布，使人食欲大增。卧室是人们最重视的地方，切记不要以鲜亮的颜色为主，一般应以中性色为主，给人以和谐、温情的感觉。而厨房色彩要以高明度暖色和中性色为主，而且还要从清洁方面考虑。卫浴色彩可依个性自由选择，一般来说可以以暖色或明度较高的色彩来体现明朗、洁净的效果。

第五节　案例分析：东南亚风格居住空间色彩搭配

在东南亚居住空间中最抢眼的装饰要属绚丽的色彩，为了避免空间的沉闷、压抑，在设计中常用夸张艳丽的色彩冲破视觉的沉闷；斑斓的色彩其实就是大自然的色彩，让色彩回归自然也是东南亚居住空间色彩搭配的特色。色泽表现以原藤、原木的色调为主，或多为褐色等深色系，在视觉感受有泥土的质朴、原木的天然。搭配布艺的恰当点缀，非但不会显得单调，反而会使气氛相当活跃。家具设计抛弃了复杂的装饰线条，而代之以简单、整洁的设计，为居住空间营造清凉、舒适的感觉（见图 6-50 ~ 图 6-64）。

图 6-50　色彩搭配（一）

图 6-51　色彩搭配（二）

图 6-52　色彩搭配（三）

图 6-53　色彩搭配（四）

图 6-54　色彩搭配（五）

图 6-55　色彩搭配（六）

图 6-56　色彩搭配（七）

图 6-57　色彩搭配（八）

图 6-58　色彩搭配（九）

图 6-59　色彩搭配（十）

图 6-60　色彩搭配（十一）

图 6-61　色彩搭配（十二）

图 6-63　色彩搭配（十四）

图 6-62　色彩搭配（十三）

图 6-64　色彩搭配（十五）

本／章／小／结

本章介绍了居住空间设计的色彩原理，以此来进行居住空间的配色设计。作为设计师，在设计过程中，要注意色彩是人们在室内环境中最为敏感的视觉感受，因此根据不同的风格和主体构思，确定住宅室内环境的主色调至为关键。不同的色彩给人不同的心理感受，要注意色彩与材质的相互协调。

思考与练习

1. 色彩种类有哪些？

2. 光泽色设计有什么特点？

3. 红色系居住空间设计给人什么样的感觉？

4. 黄色可以和哪些颜色配合？分别产生什么样的效果？

5. 浅色系居住空间设计是否适合使用光泽色？为什么？

6. 收集身边关于不同色系的居住空间设计照片，并参与学习讨论。

第七章

居住空间家具设计

学习难度：★★★☆☆

重点概念：家具设计、造型功能、布置方法

章节导读

由于不同的自然条件和社会条件，世界上的每个民族都有自己独特的语言、习惯、道德、思维、价值和审美观念，因而形成民族特有的文化。在一个民族历史发展的不同阶段，该民族的家具设计会表现出明显的时代特征。因此家具设计首先是一个历史发展的过程，是该民族各个时期设计文化的叠合及承接，是以该时代的社会现象和社会物质为基础，是传统设计文化的积淀和不断扬弃的对立统一，是历史性与现实性的对立统一。

第一节 家具设计基础

在经济全球化的趋势下，科技飞速发展，信息广泛传播，社会结构、价值观念与审美观念都已发生了根本的改变，人们从世界各地接受的信息今非昔比，社会及人的要求在不断改变。加之工业文明所带来的能源、环境和生态的危机，使得设计成为特定时代的产物，如何适应及利用此机遇和挑战已成为当今设计师的重要任务（见图 7–1）。

图 7–1　现代家具展示图

一、家具的历史

中国的历史悠久，家具的历史也非常悠久，夏、商、周时期已经开始有了箱、柜、屏风等家具（见图 7-2 ~ 图 7-5），但早期的家具中没有桌子，只有供人们坐着办事、饮食与读书所依托的几案。汉代以前，古人席地而坐，穿着宽衣肥袖，形成了相应的悬肘、提腕、运笔的书写方式，长条形的几案是为了适合简册的展开和书写方便，背侧配置的书架以双面通透的空格形式构成，方便卷册的拿取，同时在几案前设置长排油灯为扇形的书卷提供照明之需，从而形成了中国古代特定的书写、阅读方式。东汉纸张的发明，书写及阅读方式发生了重大变化，汉代胡床的出现又改变了人们盘足席地而坐的习俗（见图 7-6、图 7-7）。唐代直至宋代，高坐具的使用

图 7-2　古典家具 (1)

图 7-3　古典家具 (2)

图 7-4　古典家具 (3)

图 7-5　古典家具 (4)

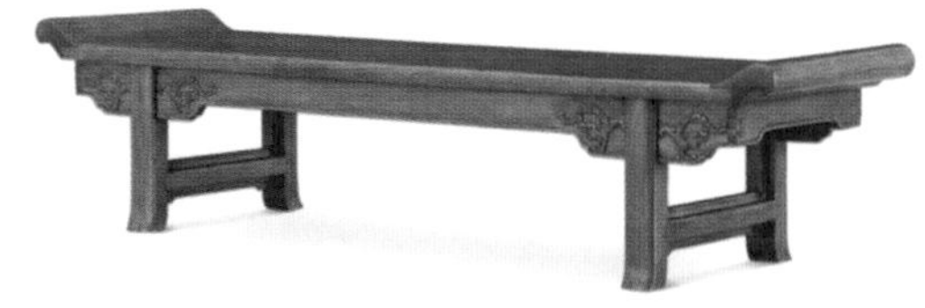

图 7-6　古典家具 (5)

图 7-7　古典家具 (6)

真正得到了普及。由于人们日常坐具升高，以前盘足而坐改变成垂足而坐，就使原来使用的几案也相应升高，于是便出现了家具的另一重要角色——桌(见图7-8 ~ 图7-10)。高桌、高几、高案纷纷出现，垂足而坐已成定局，中国人起居方式的大变革已告完成，真正的书桌随之出现。宋代文学与艺术取得了辉煌的成就，书画艺术的繁荣也影响到家具的风格，例如重比例、善用线、求写实的画风造就了宋代家具结构简洁、比例优美、线条明快的特点。文房四宝等工艺品的进步及当时的收藏热促进了书房家具及摆设的艺术化和情趣化。元朝桌子设置了抽屉，抽屉作为储物之匣方便开取，在中国首次出现，随之产生了与现代书桌造型相近的带屉书桌。再经明清两代的不断完善和发展，中国传统的书房类家具由此形成了独特的风格特征。轻盈平整的纸张，完备齐全的文房四宝与书案、书柜、桌椅配置(见图7-11、图7-12)，形成一整套特有的“笔有笔架，墨有墨盒，写有书案，存有柜格抽屉”的书写、阅读方式和中国书斋文化。

图7-9　古典家具(8)

图7-10　古典家具(9)

图7-11　古典家具(10)

图7-8　古典家具(7)

图7-12　古典家具(11)

小贴士

中国风家具演变

中国风格的书房办公类家具发展演变中，不同的时代的家具设计风格都各不相同。每一个时代的家具产品代表着家具设计发展的趋势，每一次家具产品的更新都是家具设计趋势的一次伟大的飞跃。

二、家居设计原则

当设计一件家具时，有四个主要的目标。这四个目标就是功能、舒适、耐久、美观。尽管这些对于家具制造行业来说是最基本的要求（见图 7–13、图 7–14），然而它们却值得人们研究。

1. 是否实用

一件家具的功能是相当重要的，它必须能够体现出本身存在的价值。假若是一把椅子，它就必须能够做到使人的臀部避免接触到地面。若是一张床，它一定可以让人坐在上面，也能够让人躺在上面（见图 7–15 ～图 7–18）。

2. 是否舒适

一件家具不仅得具备它应有的功能，而且还必须具有相当的舒适度。一块石头

图 7–13　现代家具展示 (1)

图 7–14　现代家具展示 (2)

图 7–15　实用性家具展示 (1)

图 7–16　实用性家具展示 (2)

图 7-17　实用性家具展示 (3)

图 7-18　实用性家具展示 (4)

图 7-19　舒适性家具展示 (1)

能够让人不需要直接坐在地面上，但是它既不舒服也不方便，然而椅子恰恰相反(见图 7-19)。要想一整晚能好好地躺在床上休息，床就必须具备足够的高度、强度与舒适度。一张咖啡桌的高度必须使人在端茶或咖啡给客人的时候相当便利 (见图 7-20 ~图 7-22)。

图 7-20　舒适性家具展示 (2)

图 7-21　舒适性家具展示 (3)

图 7-22　舒适性家具展示 (4)

3. 能否持久耐用

一件家具应该能够长久地被使用，然而每件家具的使用寿命也是不尽相同的，因为这个同它们的主要功能息息相关。例如，休闲椅与野外餐桌都是户外家具(见图7-23～图7-25)，它们并不被期望于能够耐用得如同抽屉面板，也不可能与人们希望的可以留给子孙的灯台相提并论。耐久性经常被人们当作是质量的唯一体现。然而，实际上一件家具的质量跟设计中各个目标的完美体现都是息息相关的，当然也包括美观。若是一件家具做得十分耐用，但是外型难看，或者让人感觉不舒适，也不是高质量的椅子。在手工店铺里，制造的家具外观是否吸引人(见图7-26、图7-27)是判断工人熟练与否的重要因素。通过一段时间的努力训练，熟练工人可以懂得该如何让一件家具能够具备应有的功能以及做到舒适与耐用。

三、家具造型功能

对家具的使用要求，包括实用性和审

图7-23　耐用性家具(1)

图7-24　耐用性家具(2)

图7-25　耐用性展示(3)

图7-26　外观吸引人的家具展示(1)

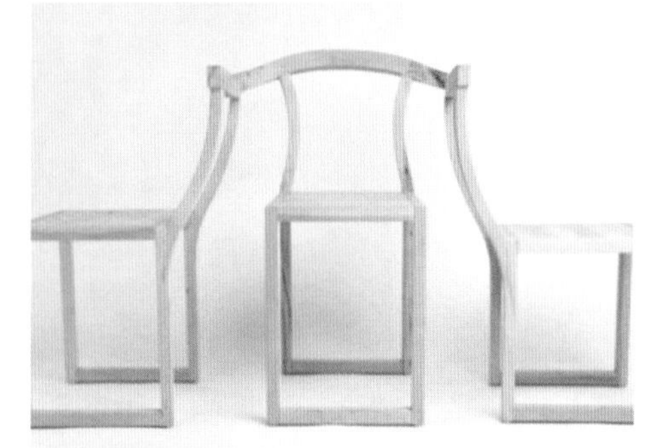

图7-27　外观吸引人的家具展示(2)

美性。实用性是指家具零、部件的组合、分布、强度和规格等满足人们的实际使用要求；审美性是指家具在保证实用的前提下，对其形体和表面进行美化处理以满足人们的审美情趣和心理要求(见图7-28～图7-30)。考虑物与人的直接和间接关系，对各类家具的功能有不同的要求。

1. 材料和工艺特性

材料和工艺是构成家具形体的物质基础。要在造型上取得良好的效果，必须熟悉各种材料的性能、特点、加工工艺及成型方法，设计出最能体现材料特性的家具造型(见图7-31)。

2. 造型形象

造型形象是体现功能、材料和加工工艺相结合的艺术形象。构成造型的基础是造型要素和形式法则。造型要素有形体法则、色彩法则、质感法则等。形体法则主要有形体的组合、比例的运用、空间的处理、体量的协调、虚实的布局等(见图7-32)；色彩法则主要有主色调的选择、色块的安排、色光的处理等(见图7-33)；质感法则主要是材料质地和纹理的运用、反射和色泽的处理等(见图7-34)。对有些装饰性强的家具还应考虑装饰法则，如装饰的题材选择、装饰的形式、装饰的布局等。形式法则是造型美学的基础，构成形式美的基本概念有统一与变化、对称与均衡(见图7-35)、比例与尺度、视差、联想与比拟等。家具造型形象必须同所处环境和文化修养相适应，同所处时代和地域产生共鸣，这样的家具才能唤起人们美的感受。

图7-28　精美家具展示(1)

图7-29　精美家具展示(2)

图7-30　精美家具展示(3)

图7-31　家具造型展示

图 7-32　形体法则展示

图 7-33　色彩法则展示

图 7-34　质感法则展示

图 7-35　形式法则展示

第二节
家具布置方法

好的家具布置会给人们带来好心情。当人们看到自己喜欢的装修风格(图 7-36)，心情也会跟着变好，要是遇到自己不喜欢的或者是低沉的装修风格(见图 7-37)，心情也会变得低落，这就是家具装饰带来的作用。掌握家具布置技巧，可以打造一个轻松、愉快的居住空间。

一、布置技巧

1. 对称平衡、合理摆放

要将一些家居饰品组合在一起，使它们成为视觉焦点的一部分，对称平衡感很重要。大型家具排列时应该由高到低陈列

图 7-36　家具布置展示 (1)

图 7-37　家具布置展示 (2)

（见图 7-38、图 7-39），以避免视觉上出现不协调感。或是保持两个饰品的重心一致，例如，将两个样式相同的灯具并列、两个色泽与花样相同的抱枕并排，这样不但能制造和谐的韵律感，还能给人祥和、温馨的感受（见图 7-40、图 7-41）。另外，摆放饰品时前小后大、层次分明能突出每个饰品的特色，在视觉上就会感觉很舒服。

2. 布置家居饰品要结合整体家居风格

先确定居住空间大致的风格与色调，根据这个统一基调来布置就不易出错。例如，简约的家居设计，具有设计感的家居饰品就很适合整个空间的个性（见图 7-42 ~ 图 7-44）；如果是自然的乡村风格，就以自然风的家居饰品为主（见图 7-45 ~ 图 7-48）。

图 7-38 对称平衡摆放 (1)

图 7-39 对称平衡摆放 (2)

图 7-40 对称平衡摆放 (3)

图 7-41 对称平衡摆放 (4)

图 7-42 简约家居设计 (1)

图 7-43 简约家居设计 (2)

图 7-44　简约家居设计 (3)

3. 家居饰品不必全部摆放

在布置时，家居饰品摆放太多就失去了特色。这时，可先将饰品分类，相同属性的放在一起，不用急着全部表现出来。分类后，就可依季节或节庆来更换布置，改变不同的居家特色 (见图 7-49)。

4. 从小的家居饰品入手

摆饰、抱枕、桌巾、小挂饰等中小

图 7-45　自然风家具 (1)

图 7-46 自然风家具 (2)

图 7-47　自然风家具 (3)

图 7-48　自然风家具展示 (4)

图 7-49　家居饰品展示 (1)

型饰品是最容易上手的布置单品(见图7-50)，布置入门者可以从这些先着手，再慢慢扩散到大型的家具陈设。小的家居饰品往往会成为视觉的焦点，更能体现主人的兴趣和爱好。

5. 家居布艺是重点

不同的季节应配以不同颜色、图案的家居布艺，无论是色彩炫丽的印花布，还是华丽的丝绸、浪漫的蕾丝，只需要变换不同风格的家居布艺，就可以营造出不同的家居风格(见图7-51 ~图7-53)。家饰布艺的色系要统一，使搭配更加和谐，增强居室的整体感。家居中硬的线条和冷色调，都可以用布艺来柔化。春天时，挑选清新的花朵图案，春意盎然；夏天时，选择清爽的水果或花草图案；秋、冬季节，则可换上毛绒绒的抱枕，温暖过冬(见图7-54 ~图7-56)。

6. 花卉和绿色植物带来生气

要为居家带进大自然的气息，在家中摆一些花花草草是再简单不过的方法(见图7-57、图7-58)，尤其是换季布置，花

图7-52　家居布艺展示(2)

图7-50　家居饰品展示

图7-53　家居布艺展示(3)

图7-51　家居布艺展示(1)

图7-54　家居布艺展示(4)

图 7-55　家居布艺展示 (5)

图 7-56　家居布艺展示

图 7-57　家居植物展示 (1)

图 7-58　家居植物展示 (2)

更是重要，不同的季节会有不同的花，可以营造出与季节相应的自然情趣。

二、美学原则

1. 比例与尺度

比例是物与物的相比，表明各种相对面间的相对度量关系，在美学中，最经典的比例分配莫过于“黄金分割”；尺度是物与人（或其他易识别的不变要素）之间相比，不需涉及具体尺寸，完全凭感觉上的印象来把握。比例是理性的、具体的，尺度是感性的、抽象的。如果没有特别的偏好，不妨就用 1:0 的完美比例来划分居室空间，这是一个非常讨巧的办法。

2. 稳定与轻巧

稳定与轻巧几乎是国人内心追求的写照，正统内敛、理性与感性兼容并蓄形成完美的生活方式。以这种心态来布置家居，与洛可可风格颇有不谋而合之处。以轻巧、自然、简洁、流畅为特点，将曲线运用发挥得淋漓尽致的洛可可式家具，在近年的复古风中极为时尚。稳定是整体，轻巧是局部。在居住空间应用明快的色彩和纤巧的装饰，追求轻盈、纤细的秀美。黄、绿、灰三色是客厅中的主要色彩。灰色向来给人稳重、高雅的感觉，黄色冲淡了灰的沉闷，而绿色中和了黄的耀眼，所有的布置都是为了最终形成稳定与轻巧的完美统一。家居布置得过重会让人觉得压抑、沉闷；过轻又会让人觉得轻浮、毛躁。要注意色彩的轻重结合，家具饰物形状、大小的分配协调，整体布局的合理完善等问题。

3. 调和与对比

对比是美的构成形式之一，在家居

布置中，对比手法的运用无处不在，可以涉及空间的各个角落，通过光线的明暗对比、色彩的冷暖对比、材料的质地对比、传统与现代的对比，使家居风格产生更多层次、更多样式的变化，从而演绎出各种不同节奏的生活方式。调和则是将对比双方进行缓冲与融合的一种有效手段(见图7-59)。黑色与白色在视觉上的强烈反差对比，体现出房间主人特立独行的风格，同时也增加了空间中的趣味性；毛皮的华贵与纯棉的质朴是材料上的对比；长方形玻璃窗是形状、大小的对比。布置出这样一间居室，就是彰显个性的最佳途径(见图7-60)。

4. 节奏与韵律

节奏与韵律是密不可分的统一体，是美感的共同语言，是创作和感受的关键。人称“建筑是凝固的音乐”，就是因为它们都是通过节奏与韵律的体现而造成美的感染力。成功的建筑总是以明确动人的节奏和韵律将无声的实体变为生动的语言和音乐，因而名扬于世。节奏与韵律是通过体量大小的区分、空间虚实的交替、构件排列的疏密、长短的变化、曲柔刚直的穿插等等变化来实现的，具体手法有连续式、渐变式、起伏式、交错式等。楼梯是居室中最能体现节奏与韵律的所在。或盘旋而上、或蜿蜒起伏、或柔媚动人、或刚直不阿，每一部楼梯都可以做成一曲乐章，在家居中轻歌曼舞。在整体居室中虽然可以采用不同的节奏和韵律，但同一个房间切忌使用两种以上的节奏，那会让人无所适从、心烦意乱。

5. 对称与均衡

对称是指以某一点为轴心，求得上下、左右的均衡(见图7-61 ~ 图7-63)。对称与均衡在一定程度上反映了处世哲学与中庸之道，因而在我国古典建筑中常常会运用到这种方式。现在居室装饰中人们往往在基本对称的基础上进行变化，造成局部不对称或对比，这也是一种审美原则。另

图7-60　对比式室内设计

图7-59　调和式室内设计

图7-61　对称式设计(1)

图 7-62　对称式设计 (2)

图 7-63　对称式设计 (3)

有一种方法是打破对称，或缩小对称在居住空间装饰的应用范围，使之产生一种有变化的对称美。面对庭院的落地大观景窗被匀称地划分成“格”，每一格中都是一幅风景。长方形的餐桌两边放着颜色相同，造型却截然不同的椅子、凳子，这是一种变化中的对称，在色彩和形式上达成视觉均衡。餐桌上的烛台和插花也是这种原则的体现。对称性的处理能充分满足人的稳定感，同时也具有一定的图案美感，但要尽量避免让人产生平淡甚至呆板的感觉。

6. 主从与重点

当主角和配角关系很明确时，心理也会安定下来。如果两者的关系模糊，便会令人无所适从，所以主从关系是家居布置中需要考虑的基本因素之一。在居室装饰中，视觉中心是极其重要的，人的注意范围一定要有一个中心点，这样才能造成主次分明的层次美感（见图 7-64)，这个视觉中心就是布置上的重点。明确地表示出主从关系是很正统的布局方法；对某一部分的强调，可打破全局的单调感，使整个居室变得有朝气。但视觉中心有一个就足够了，就如一颗石子丢进平静的水面，产生一波一波的涟漪，自会惹人遐思。如客

图 7-64　层次分明的室内设计

厅的“石子”就是那个花枝招展、流光溢彩、独一无二的吊灯，如果多放一盏、两盏的话，整体美感就会荡然无存。重点过多就会变成没有重点。配角的一切行为都是为了突出主角，切勿喧宾夺主。

7. 过度与呼应

硬、软装修在色调、风格上的彼此和谐不难做到，难度在于如何让二者产生“联系”，这就需要运用“过渡”。呼应属于均衡的形式美，是各种艺术常用的手法。在居住空间设计中，过渡与呼应总是形影相伴，具体到顶棚与地面、桌面与墙面、各种家具之间，形体与色彩层次过渡自然、巧妙呼应的话（见图 7-65)，往往能取得意想不到的效果。吊灯与落地灯遥相呼应，都采用看似随意的曲线，这种亲近自然的

舒适感，最适合用于硬冷的物体之上；茶几上的鲜花随形就势给视觉一个过渡，使整个空间变得和谐。整体上将结构的力度和装饰的美感巧妙地结合起来，色彩和光影上的连接和过渡非常流畅、自然。“过渡与呼应”可以增加居室的丰富美感，但不宜太多或过分复杂，否则会给人造成杂乱无章及过于繁琐的感觉。

8. 比拟与联想

比拟是一种文学上的说法，在形式美学当中，它与联想密不可分。所谓联想，是指人们根据事物之间的某种联系由此及彼的心理思维过程。联想是联系眼前的事物与以往曾接触过的相似、相反或相关的事物之间的纽带和桥梁，它可以使人思路更开阔、视野更广远，从而引发审美情趣。联想的内容都是已知的、客观存在的，运用比拟手法，通过联想使抽象的意识活动与具体形象相结合。例如卧室，选用红色色调的布艺，再加上茂盛的绿色盆栽、立在窗边的长颈鹿摆饰，置身其中难免会从色彩、布景中产生热情洋溢、活力四射的非洲印象。运用这种原则布置家居时，一定要注意比拟与联想从来都不是天马行空式的胡思乱想。

9. 统一与变化

家居布置在整体设计上应遵循“寓多样于统一”的形式美原则。根据大小、色彩、位置使家具构成一个整体，成为居住空间的一景，营造出自然和谐、极具生命力的“统一与变化”。家具要有统一的艺术风格和整体韵味，最好成套定制或尽量挑选颜色、式样格调较为一致的，加上人文融合，进一步提升居住环境的品位。不同的空间应选用不同的色彩基调。黄色有助于人的食欲，所以将它定为餐厅的主色（见图 7-66）；墙上青绿色的装饰画是整体色调中的变数，然而却非常和谐；桌面、墙面、隔断采用相同花纹、相同材质，于统一见变化的是纹理方向的不同。在家居布置的初始就应该有一个完整的计划和构思，这样才不会在布置过程中出现纰漏；在购买新家具时，应尽量与原有家具般配（见图 7-67）。

10. 单纯风格

家居风格的成因是综合而复杂的，有意识形态的、物质条件的、传统的、地域物产的，还有居住者个人的经历、才能及偏好和外来的影响等因素。无论成因如何，首先要考虑好居室的基本风格，一旦建立

图 7-65 过渡自然的室内设计

图 7-66 寓多样于统一的室内设计

起一种气氛，一种风格，一种角度，就可以仔细地构建自己的风格，并且逐渐获得自信。人若单纯会让人感动，让人留恋。用在家居上，是一种返璞归真，一种洁净，一种清极而郁的芬芳。以原木为基调的卧室，素雅的布艺和生机盎然的绿色植物，不知不觉让人爱上它的纯净、它的境界、它的风平浪静（见图 7-68）。或许在人们的潜意识里，生活潮流总是希望有一种单纯的气质。虽然说要避免千篇一律，但太多的物品、太多的图案也使人感到凌乱，给人浮躁的感觉。所以只需选择自己最喜欢的、品质最高的样式就好。铁艺家具崇尚简洁、美观。冰冷的铁在艺术家溢满情趣的手中变成了一款款各具风格的家居用品（见图 7-69、图 7-70）。造型美观的铁

图 7-67　于统一见变化的室内设计

图 7-68　单纯风格设计 (1)

图 7-69　单纯风格设计 (2)

图 7-70　单纯风格设计 (3)

小贴士

黄金分割法

黄金分割具有严格的比例性、艺术性、和谐性，蕴藏着丰富的美学价值，这一比值能够引起人们的美感，被认为是建筑和艺术中最理想的比例。中国也有黄金分割的相关记载，虽然没有古希腊的早，但中国的算法是由中国古代数学家独立创造的，后传入了印度。黄金分割在文艺复兴前后，经过阿拉伯人传入欧洲。经考证，欧洲的比例算法是源于中国，而不是直接从古希腊传入的。

艺床能给人展现一种静态的美感，“冷”的外表中透射出一种生机和活力。

第三节
案例分析：卧室衣柜设计

如今，许多家庭为了追求极致的美感而拆除家中的承重墙、梁柱、邻隔浴室等易潮湿的墙体来设计衣柜，既加大了居室的不安全指数，又影响了衣柜板材的使用寿命，最终只能换来不顺心的家居生活。如果卧室衣柜一味地追求美观而忽略产品的安全指数，就违背了设计的初衷。只有将家具赋予生活的感知，融入更多个人的感悟和理解，才能创造出颇具特色的原创家具。下面就介绍一组卧室衣柜设计案例，供读者学习参考(见图 7-71 ~ 图 7-80)。

图 7-71　卧室衣柜组合设计 (1)

图 7-72　卧室衣柜组合设计 (2)

图 7-73　卧室衣柜组合设计 (3)

图 7-74　卧室衣柜组合设计 (4)

图 7-75　卧室衣柜组合设计 (5)

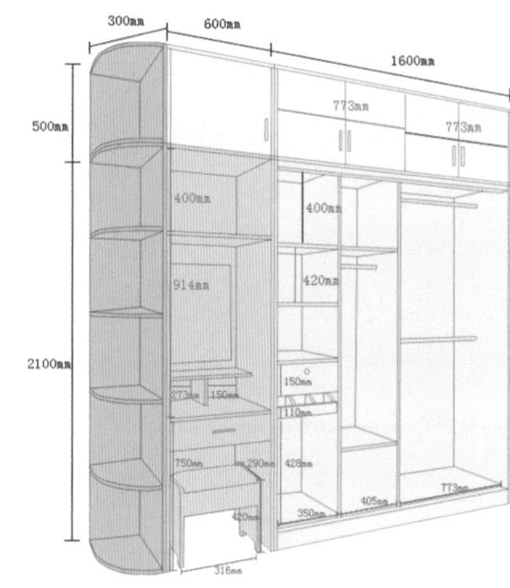

图 7-78　衣柜尺寸比例 (3)

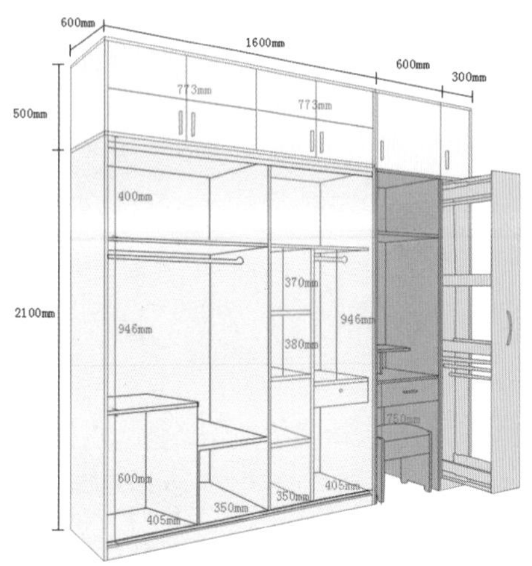

图 7-76　衣柜尺寸比例 (1)

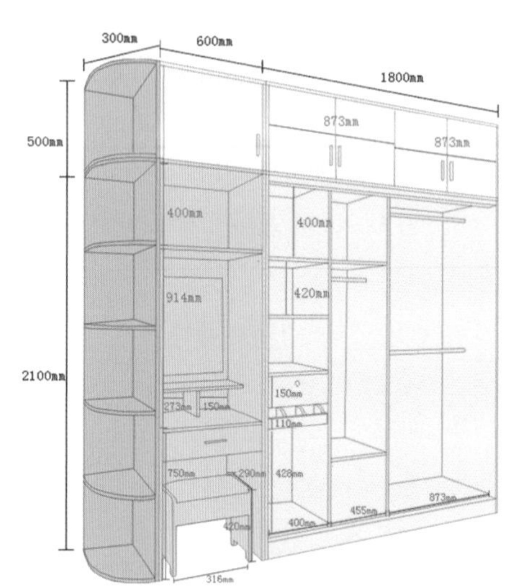

图 7-79　衣柜尺寸比例 (4)

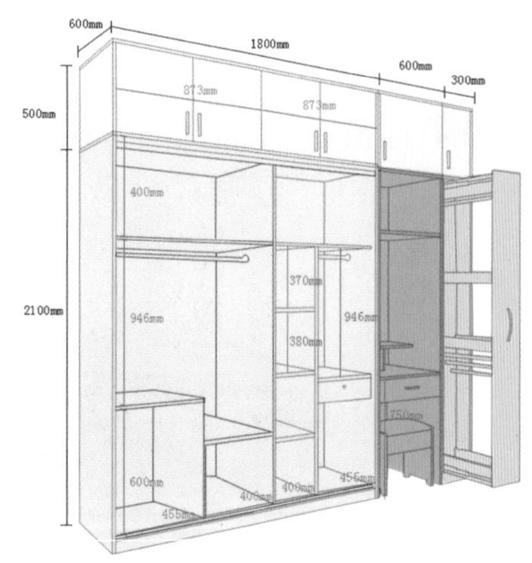

图 7-77　衣柜尺寸比例 (2)

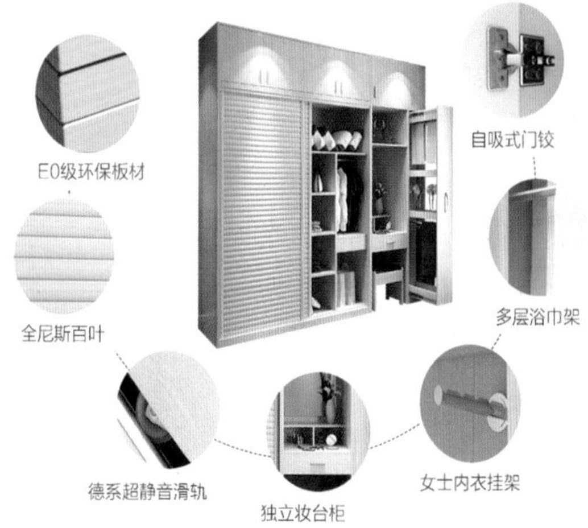

图 7-80　衣柜功能区设计说明

本／章／小／结

本章介绍了居住空间设计中的家具设计基础及其布置方法。住宅室内的家具、陈设等的材质与构造，应考虑人们近距离长时间的视觉感受，甚至要注意家具与肌肤接触等特点，材质不应有尖角或过分粗糙，不应采用有毒或释放有害气体的材料。

思考与练习

1. 家具的设计原则有哪些?

2. 家具的布置技巧有哪些?

3. 布艺沙发与皮质沙发分别给人什么样的感觉?

4. 家具在室内设计中能起到哪些作用?

5. 收集有创意的居住空间家具设计案例，并参与学习讨论。

第八章

绿化与软装配饰

学习难度：★★★☆☆

重点概念：绿化原则、绿化手法、软装陈设

章节导读

居住空间绿化可以增加居住空间的自然气氛，是居住空间装饰美化的重要手段。世界上许多国家对居住空间绿化都很重视，不少公共场所、私人住宅、办公室、旅馆、餐厅内部空间都布置花木。从20世纪60年代起，中国一些城市如广州、桂林、南宁，开始进行居住空间绿化。广州矿泉别墅、文化公园都有居住空间花园设施。居住空间绿化的首要条件是居住空间有充足的光照。一般利用窗的侧射光或透过玻璃顶棚的直射光。但也可利用发光装置，增加光照强度并延长光照时间。因此，居住空间绿化几乎不受空间位置的限制（见图8-1）。

图8-1　绿化性设计展示

第一节 绿化布置

随着环保、节能、低碳和可持续发展意识的日益普及，人们对“绿色”的渴求已迅速渗透到各个领域，发展与人们的生活密切相关的绿色居住空间环境更是其重要内容之一。于是，绿色设计便被提到等待解决的议题上来。不少设计师转向更深层次上探索居住空间设计与人类可持续发展的关系，力图通过设计活动，在人、社会、环境之间建立起一种协调发展的机制。这种尝试性的设计创新，标志着居住空间设计发展的一次重大转变，于是“绿色设计”的概念应运而生，成为当今居住空间设计发展的主要趋势之一。

一、绿化的概念

绿色设计从本质上来讲是宏观的战略概念。绿色居住空间设计是指能给人们提供一个环保、节能、安全、健康、方便、舒适的生活空间的设计（见图 8-2），如居住空间布局、空间尺度、装饰材料、照明条件、色彩配置等都可以满足居住者生理、心理、卫生等方面的要求，并且能充分利用能源，极大减少污染等等。“绿色设计”其核心就是使生态环境系统良性循环的设计。“绿色居住空间”不是简单地使用环保的材料，用一些所谓的“绿色建材”就能实现，它涉及设计的理念和思想、居住空间与气氛的营造、各种材料的选择及搭配、通风和温控、采光与照明等多方面的因素。

二、居住空间绿化的实施原则

居住空间“绿色设计”有别于以往形形色色的各种设计思潮，更不同于以人的需求为目的而凌驾于环境之上的空间设计理念。其设计原则可遵循以下三点。

1. 提倡适度消费原则

在商品经济中，通过居住空间装饰而创造的人工环境是一种消费，而且是人类居住消费中的重要内容。尽管居住空间“绿色设计”把创造舒适优美的人居环境作为目标，但居住空间“绿色设计”倡导适度消费思想以及节约型的生活方式（见图 8-3），反对居住空间装饰中的豪华和奢侈铺张。这体现了一种新的生态观、文化观和价值观。

2. 注重生态美学原则

生态美学是美学的一个新发展，其在传统审美内容中增加了生态因素。生态

图 8-2　室内绿化设计

图 8-3　适度消费原则设计

美学是一种和谐、有机的美。在居住空间环境创造中，它强调自然生态美，欣赏质朴、简洁而不刻意雕凿(见图8-4～图8-6)。它同时强调人类在遵循生态规律和美的法则前提下，运用科技手段改造自然，创造人工生态美。它欣赏人工创造出的居住空间绿色景观与自然的融合。它所带给人们的不是一时的视觉震惊而是持久的精神愉悦。因此，生态美更是一种意境层次的美。例如：Eduardo Arroyo 最新设计的一个项目——位于埃斯科里亚尔的住宅就是其中之一。设计师对别墅周围的自然环境给予了最大限度的尊重，尽量保持了原始森林及周边环境的原貌，设计的“叛逆”往往会成为创意的源泉(见图8-7、图8-8)。

图8-4　生态美学原则设计(1)

图8-5　生态美学原则设计(2)

3. 倡导节约和循环利用

居住空间“绿色设计”强调在居住空间环境的建造、使用和更新过程中，对

图8-6　生态美学原则设计(3)

图8-7　Eduardo Arroyo 设计住宅(1)

图8-8　Eduardo Arroyo 设计住宅(2)

常规能源与不可再生资源的节约和回收利用，对可再生资源也要尽量低消耗使用。在居住空间生态设计中实行资源的循环利用，这是现代建筑能得以持续发展的基本手段，也是居住空间“绿色设计”的基本特征。

三、居住空间绿化的功能作用

居住空间设计的基本目的：一方面要达到使用功能，合理提高居住空间环境的物质水准，美化居住空间环境；另一方面要有净化空气和调节居住空间小气候的作用，使人从精神上得到满足，提高居住空间的生理和心理环境质量（见图 8-9 ～图 8-11)。居住空间绿化是达到居住空间设计基本目的的重要手段，其功能作用表现在以下几个方面。

1. 分隔空间的作用

空间的分隔与联系是居住空间设计的重要内容。以绿化分隔空间的范围是十分广泛的，如在两厅室之间、厅室与走道之间以及在某些大的厅室居住空间内需要分隔成小空间（见图 8-12) 的地方，如办公室、餐厅、旅店大堂、展厅等。此外，在某些空间或场地的交界线，如居住空间与室外之间、居住空间地坪高差交界处等，都可用绿化进行分隔（见图 8-13)。某些有空间分隔作用的围栏，如柱廊之间的围

布局构思

小贴士

居住空间绿化可与室外绿化相互渗透，如利用窗台进行攀缘绿化或摆设盆景。居住空间绿化的形式很多，如在博古架上摆设盆花、盆景，以透空的隔扇栽种攀缘植物来分隔空间，以垂吊植物装饰墙面或顶棚等。居住空间绿化，不仅种植树木和花草，而且可以设置山石、水池、喷泉及其他园林建筑小品，构建园林的意境。广州白天鹅宾馆的居住空间绿化的主题为“故乡水”，以水帘式流泉为主，结合亭、廊、山石、植物，完成一座立意新颖、造型优美的居住空间庭园典范。

图 8-9　居住空间绿化 (1)

图 8-10　居住空间绿化 (2)

图 8-11 居住空间绿化 (3)

图 8-12 分隔空间绿化 (1)

图 8-13 分隔空间绿化 (2)

栏、临水建筑的防护栏、多层围廊的围栏等，也均可以结合绿化加以分隔。对于重要的部位，如正对出入口，分隔的方式大都采用地面分隔，如有条件，也可采用悬垂植物由上而下进行空间分隔。

2. 联系、引导空间的作用

联系居住空间外的方法是很多的。如通过铺地由室外延伸到居住空间，或利用墙面、天棚或踏步的延伸，也都可以起到联系的作用。但是相比之下，都没有利用绿化来得更鲜明、更亲切、更自然、更惹人注目和喜爱(见图 8-14)。绿化在居住空间的连续布置，从一个空间延伸到另一个空间，特别在空间的转折、过渡、改变方向之处，更能发挥出整体效果(见图 8-15)。绿化布置的连续和延伸，如果有意识地强化其突出、醒目的效果，那么，

图 8-14 分隔空间绿化 (3)

图 8-15 分隔空间绿化 (4)

通过视线的吸引，就起到了暗示和引导作用。方法一致，作用各异，在设计时应予以细心区别。

3. 突出空间的作用

在大门入口处、楼梯进出口处、交通中心或转折处、走道尽端等(见图 8-16、图 8-17)，既是交通的关节点，也是空间中的起始点、转折点、中心点、终结点等的重要视觉中心位置，是引起人们注意的位置。因此，常放置特别醒目的、富有装饰效果的甚至名贵的植物或花卉，起到强化空间、突出重点的作用。布置在交通中心或尽端靠墙位置的绿化植物，也常成为厅室的趣味中心。这里应说明的是，位于交通路线的一切陈设，包括绿化在内，必须不得妨碍交通和紧急疏散。设计时应按空间的大小、形状选择相应的植物。如放在狭窄的过道边的植物，不宜选择低矮、枝叶向外扩展的植物，否则，既妨碍交通又会损伤植物，因此应选择与空间更为协调的修长植物。

图 8-16　走廊空间绿化

4. 装饰美化居室的作用

根据居住空间环境状况进行绿色植物布置，这种布置所充当的是桥梁作用，它将个别的、局部的装饰组织起来，以取得总体的美化效果。经过植物布置，居住空间装饰将更为生动(见图 8-18 ~ 图 8-21)。居室中的色彩常常左右着人们对环境的感受，倘若居住空间没有植物或花卉的自然色彩，即使地面、墙壁和家具的色泽再漂亮，仍然会显得缺乏生机。所以，居住空间观叶植物对居住空间的绿化装饰作用不可低估。

图 8-17　走道空间绿化

图 8-18　美化居室的绿化 (1)

5. 改善居住空间生活环境的作用

居住空间观叶植物枝叶有滞留尘埃、吸收生活废气、释放和补充对人体有益的氧气、降低噪声等作用。同时，现代建筑装饰所采用的各种涂料中或多或少含有对人体有害的物质，而居住空间观叶植物具有较强的吸收和吸附这种有害物质的能力，可减轻人为造成的环境污染。

图 8-19　美化居室的绿化 (2)

图 8-20　美化居室的绿化 (3)

图 8-21　美化居室的绿化 (4)

四、绿色居住空间设计的手法

1. 引入室外元素

将室外的元素引入居住空间，使居住空间更加自然化。尽可能将阳光引入居住空间，发挥阳光杀菌、抗霉的作用，但应避免居室用光不当而造成不良的视觉刺激，因为强烈的眩光同样会造成光污染。在居住空间设计中可运用自然造型艺术，如绿化盆栽、盆景、插花等(见图 8-22、图 8-23)，但在卧室应尽可能少摆些绿色植物，

图 8-22　绿色居住空间设计 (1)

图 8-23　绿色居住空间设计 (2)

图 8-24　绿色居住空间设计 (3)

因为有些植物夜间排出的气体含有有害成分，严重影响健康。也可以用绘画、书法等艺术手段在居住空间创造出山水、自然景观，如风景壁画、植物花卉、云天水色、墨宝匾额、油画水彩等，既有把大自然引进居住空间的效果，又产生浓郁的诗情画意，增加了居住空间艺术氛围(见图 8-24)。

2. 强调自然材质的肌理

在居住空间设计中强调自然材质肌理的应用，让使用者感知自然材质，回归乡土和自然。设计师对表层选材和处理十分重视，强调素材的肌理，并暗示其功能性来形成一种突破，大胆地、原封不动地表露水泥表面、木材或大理石质地、金属材质等(见图 8-25、图 8-26)，着意显示装饰素材的肌理和本来面目。

3. 注重色彩的搭配和组合

绿色居住空间设计的一个重要方面就是色彩的搭配和组合(见图 8-27)，恰当的颜色选用和搭配可以起到健康和装饰的双重功效。

图 8-25　绿色居住空间设计 (4)

图 8-26　绿色居住空间设计 (5)

图 8-27　绿色居住空间设计 (6)

第二节
软装配饰

软装是居住空间设计不可分割的重要组成部分。软装的作用在于装饰性、点缀性以及一定的功能性（见图 8-28）。在家居软装设计时，在视觉上将数学与美学相结合可谓是常用的手法之一，若用繁杂的手法表现会物极而反，给人夸张的不踏实感。若单纯地删繁就简，又充满了刻板守旧的味道（见图 8-29）。从视觉效果看，人们对色彩的反应最为强烈，家居的配色设计与空间规划所营造的氛围能够直接触碰到人的内心。而要想简单地传达这种感觉，灯光是极佳的营造工具，对照明技术精通和对灯饰风格了解的设计师所陈列出的家居风格被消费者青睐，是十分常见的现象。

一、相关概念

1. 居住空间装饰

居住空间装饰是西方设计史上长期沿用的名词，指“建筑内部固定的表面装饰和可以移动的布置所共同创造的整体效果”。传统的居住空间装饰主要包括两个方面：一是指门窗、墙壁、地面和天花板、建筑构件等表面的固定装饰；二是指家具、织物、器皿、艺术品、绿化等可以移动的布置。在我国，“居住空间装饰”是居住空间行业常用的俗称，尤其指专营窗帘、地毯、壁纸等居住空间工程的行业的施工范围（见图 8-30、图 8-31）。

图 8-28　软装配饰展示

图 8-29　家居软装设计

图 8-30　居住空间装饰 (1)

图 8-31　居住空间装饰 (2)

2. 居住空间布置

居住空间布置是一个较为狭义的名词，以居住空间物品的选择与安排为基本内容。

3. 居住空间摆放

居住空间摆放是居住空间软装设计的一个部分，但不能体现出其全部的工作内涵。

图 8-32　软装饰——家具

二、软装构成元素

现代软装的构成元素如下。

1. 家具

家具包括支撑类家具、储藏类家具、装饰类家具。如沙发、茶几、床、餐桌、餐椅、书柜、衣柜、电视柜等（见图 8-32）。

图 8-33　软装饰——饰品

2. 饰品

饰品一般为摆件和挂件，包括工艺品摆件、陶瓷摆件、铜制摆件、铁艺摆件、挂画、插画、照片墙、相框、漆画、壁画、装饰画、油画等（见图 8-33）。

3. 灯饰

灯饰包括吊灯、立灯、台灯、壁灯、射灯。灯饰不仅仅起着照明的作用，同时还具有渲染环境气氛和提升居住空间情调的作用（见图 8-34）。

图 8-34　软装饰——灯饰

4. 布艺织物

布艺织物包括窗帘、床上用品、地毯、桌布、桌旗、靠垫等。好的布艺设计不仅能提高居住空间的档次，使居住空间更趋于温暖，更能体现一个人的生活品位（见图 8-35）。

图 8-35　软装饰——布艺织物

5. 花艺及绿化造景

花艺及绿化造景包括装饰花艺、鲜花、干花、花盆、艺术插花、绿化植物、盆景园艺、水景等(见图 8-36)。

三、家居陈设设计范畴

家居陈设设计范畴包括房地产样板房、家庭住宅、商业空间，如酒店、会所、餐厅、酒吧、办公空间等，只要有人类活动的居住空间都需要陈设。家居店的陈列设计也是家居陈设设计师的另一个发展空间。设计师对店面及橱窗进行陈列设计，以吸引更多的顾客，提升品牌形象，提高销售量。

四、夏日软装风格及效果

软装风格是恒久的，即使在烈日炎炎的夏日，仍然能够通过设计风格窥得一丝清凉，舒缓夏日的焦躁之感。海岸风格中典型的地中海风格最为常用(见图 8-37 ~ 图 8-39)，也是在夏日时节最受市场认可的家居陈设风格。海岸风格外延广阔，其中细分的有摩洛哥海岸风格、爱琴海岸风格、加勒比海岸风格、夏威夷海岸风格。最受欢迎的地中海风格中，

图 8-36　软装饰——花艺

图 8-37　夏日软装风格 (1)

图 8-38　夏日软装风格 (2)

图 8-39　夏日软装风格 (3)

又尤以西班牙阳光海岸风格和法国蔚蓝海岸风格最为知名，也是夏日软装设计中最常表现的主题。

夏日家居陈设的元素同样能够展现夏日的独特风情。蕾丝绣花的床品、条纹图案的窗帘、手工编制的原色地毯、陶瓷餐具、铁艺的毛巾架、嵌入不同工艺的铁艺花架、墙面的镜面装饰、绚丽大朵的花艺、碎花装饰的靠包、自然风景的装饰画、水果色的现代设计家具、手编收纳筐、水晶流苏吊灯都是夏日软装里最生动的表现元素，最终形成一场完美的夏日盛宴。除白色外，水果色、丹宁色都是夏日软装中常用的配色体系，材质上则选择更多自然原生态的配饰品。粗质皮革、海水冲刷的木色、青黑的铁艺、手工编制品、晶石松石装饰、棉麻面料都是夏日软装中最常选择的材质类型，造型上则选择更多现代设计的家居配饰品，以几何棱角来突出、锐化夏日风情，突出清凉主题（见图 8-40、图 8-41）。

图 8-40　夏日风情设计 (1)

图 8-41　夏日风情设计 (2)

小贴士

居住空间软装设计与居住空间环境设计是一种相辅相成的枝叶与大树的关系，不可强制分开。只要存在居住空间设计的环境，就会有居住空间软装的内容，只是多与少、高与低的区别。只要是属于居住空间软装设计的门类，必然是处在居住空间设计的环境之中，只是存在与环境是否协调的问题。但有时在某种特殊情况下，或因时代形势发展的需求，居住空间软装设计参与居住空间设计的要素较多，形成以居住空间软装为主的居住空间设计环境。

五、软装突出的要点

软装的出现代表着时代的发展和人们生活水平的提高，从一个家居的软装中便可以看出主人的性格、品位。所以，软装切不可随意，否则会适得其反。

首先，居住空间软装体现了一个人的性格特点。如果是外向型的，即活泼开朗的人，在色彩上可用欢快的橙色系列，花型上可选用潇洒的印花，质地上若喜欢豪华气派的，可选用棉、化纤的（见图8-42）。如果是文静内向型的人，可选用细花、鹅黄或浅粉色系列的，花型上可选用高雅的织花，或者是工艺极好的绣花，在质地上，最好选择柔和一点的丝织、棉、化纤等（见图 8-43）。如果是一个追求个性风格的人，可选用自然随意的染花，或者是富有创意的画花，花型上采用大花、小花都行，但要注意色彩必须协调统一，花而不乱，动中有静。其次，居住空间软装饰四季皆宜，既能体现出四季的情调，又能调节人的情绪，不必花费许多钱财用来经常更换家具，也不必频繁地移动家具位置，不大的居室就能呈现出不同的面貌，给人新居的感觉。

图 8-42　橙色软装设计

第三节　案例分析：家居绿化设计与软装

在家居空间中所陈设的物品都是用来满足全家人的生活需求和审美需求的，所以家居空间绿化与软装设计的首要原则就是让这些物品实现自己的最大价值，去除一些不必要的物品，让整个家居空间更加和谐、更加理性。在整体布局设计方面，要结合家庭成员习惯、爱好、职业、性格等方面，在物品摆放次序、色彩搭配、物品材质选择等方面都要满足家庭成员的需求。下面就列举一组家居绿化与软装设计案例，供读者学习参考（见图 8-45 ~ 图 8-54）。

六、气味软装

越来越多的家庭在传统软装中添加了嗅觉上的元素，比如鲜花、干花、熏香、精油、咖啡或是新鲜的水果，除了在视觉上给人耳目一新的感觉，更多人在嗅觉上也追求了新的享受（见图 8-44）。

图 8-43　鹅黄色软装设计

图 8-44　气味软装

图 8-45　绿化与软装（一）

图 8-46　绿化与软装（二）

图 8-47　绿化与软装（三）

图 8-48　绿化与软装（四）

图 8-49　绿化与软装（五）

图 8-50　绿化与软装（六）

图 8-51　绿化与软装（七）

图 8-52　绿化与软装（八）

图 8-53　绿化与软装（九）

图 8-54　绿化与软装（十）

本／章／小／结

本章介绍了居住空间设计中的绿化、软装及配饰设计。居住空间内除必要的家具之外，还可以根据室内空间的特点和整体布局安排，适当设置陈设、摆件、壁饰等小品，室内盆栽或案头绿化常会给居室的室内人工环境带来生机和自然气息。对于配饰的设置上，应尽量突出个性和美感，并遵从少就是多的原则，起到画龙点睛效果即可。

思考与练习

1. 绿化实施的原则有哪些？

2. 居住空间绿化的作用有哪些？

3. 软装配饰的概念是什么？

4. 收集并分析一套家居设计作品，说明风格和特点。

5. 说明绿色居住空间设计的内容。

第九章

居住空间功能区设计

学习难度：★★★★☆

重点概念：功能设计、空间布置、细节设计

章节导读 随着人们生活水平的提高，生活习俗的更新，对居住条件的要求也发生了很大变化。传统居住空间设计被现代居住空间设计取而代之，使居住空间层次丰富，功能更完善，更富时代感。

第一节 门厅

门厅是进入家居室内后的第一个空间，位于大门、客厅、走道之间，面积不大，但形态完整，是更衣换鞋、存放物品的空间。玄关原指佛教的入道之门，现在专指居住空间室内与室外之间的过渡、缓冲空间。在现代家居装修中，门厅与玄关的概念相同，通常将其合二为一称为门厅玄关。它是家居空间环境给人的最初印象，入户后是否有门厅玄关作为隔离或过渡，是评价装修品质的重要标准之一。

一、功能设计

1. 保持私密

避免客人一进门或陌生人从门外经过时就对整个居住空间一览无余，在门厅玄关处用木质或玻璃作隔断（见图 9-1），相当于划出一块区域，能在视觉上起到遮挡的作用。

2. 家居装饰

玄关门厅的设计是居住空间整体设计思想的浓缩，它所占据的面积不大，但是在居住空间装修中起到画龙点睛的作用（见图 9-2）。通常在局部采用不锈钢、玻璃等高反射材料作点缀，采用具有特色的壁纸、涂料、木质板材作覆面，并配置高

图 9-1　私密性门厅

图 9-2　装饰性门厅

强度射灯弥补该空间的采光不足。

3. 方便储藏

一般将鞋柜、衣帽架、大衣镜等设置在门厅玄关内，鞋柜可以做成隐蔽式，衣帽架、大衣镜的造型应美观大方，配置一定的储物空间，适用于放置雨具、维修工具等。门厅玄关应该与整个家居空间风格相协调，起到承上启下的作用。

图 9-3　无厅型门厅

二、空间布置

1. 无厅型

这种门厅适合面积很小的居住空间，打开大门后就能直接观望到室内，进门后沿着墙边行走。但是在这种空间里还是要满足换衣功能，在墙壁上钉置挂衣板，保证出入时方便使用。在狭窄的空间里可以将换鞋、更衣、装饰等需求融合到其他家具中(见图 9-3)。

2. 走廊型 ($2m^2$)

打开大门后只见到一条狭长的过道，能利用的储藏空间和装饰空间不多，可以见机利用边侧较宽的墙面，设计鞋柜或储藏柜。如果宽度实在很窄，鞋柜可以设计成抽斗门，厚度只需 160mm。在对应的墙面上，可以安装玻璃镜面，衬托出更宽阔的走道空间(见图 9-4)。

图 9-4　走廊型门厅

3. 前厅型 (3m²)

这种空间比较开阔，打开大门后是一个很完整的门厅，一般呈方形，长宽比例适中。可以在前厅型空间内设计装饰柜、鞋柜为一体的综合型家具，甚至安置更换鞋袜的座凳，添加部分用于遮掩回避的玄关，并且设计出丰富的装饰造型(见图9-5)。

4. 异型 (4m²)

针对少数不同寻常的居住空间户型，这种布置要灵活运用，将断续的墙壁使用流线型鞋柜重新整合起来，让门厅空间显得有次序、有规则。但是也不要希望能存放很多的东西，因为形式与功能是很难统一的(见图9-6)。

三、细节设计

1. 空间隔断

门厅玄关空间的划分要强调它自身的过渡性，根据整个居住空间的面积与特点因地制宜、随形就势引导过渡，门厅玄关的面积可大可小，空间类型可以是圆弧形、直角形，也可以设计成走廊。虽然客厅不像卧室那样具有较强的私密性，但是最好能在客厅与门厅之间设计一个隔断，除了起到一定的装饰功能外，在客人来访时，使客厅中的成员有个心理准备，还能避免客厅被一览无余，增加整套居住空间的层次感。但是这种遮蔽不一定是完全的遮挡，经常需要有一定的通透性。

隔断的方式多种多样，可以采用结合低柜的隔断，或采用玻璃通透式与格栅围屏式的屏风结合，既能分隔空间又能保持大空间的完整性，这都是为了体现门厅玄关的实用性、引导性、展示性等特点，至于材料、造型及色彩，完全可以不拘一格。

2. 地面材料

门厅玄关的地面材料是设计的重点，因为它不仅经常承受磨损和撞击，它还是常用的空间引导区域。瓷砖便于清洗，也耐磨，通过各种铺设图案设计，能够适宜引导人的流动方向，只不过瓷砖的反光会给人带来偏冷的感觉。

图9-5　前厅型门厅

图9-6　异型门厅

3. 照明采光

由于门厅玄关里带有许多角落和缝隙，缺少自然采光，那么就应该有足够的人工照明。根据不同的位置合理安排筒灯、射灯、壁灯、轨道灯、吊灯、吸顶灯，可以形成焦点聚射，营造不同的格调，如果使用壁灯或射灯的话，可以让灯光上扬，产生丰富的层次感，营造出温馨感。

第二节 客　厅

客厅在居住空间中当属最主要的空间，它是家庭成员逗留时间最长、最能集中表现家庭物质生活水平与精神风貌的空间，因此，客厅应该是家居空间设计的重点。客厅是居住空间中的多功能空间，在布局时，应该将自然条件和生活环境等因素综合考虑，如合理的照明方式、良好的隔音处理、适宜的温湿度、适宜的贮藏位置与舒适的家具等，保证家庭成员的各种活动需要。客厅的布局应尽量安排在室外景观效果较好的方位上，保证有充足的日照，并且可以观赏周边的美景，使客厅的视觉空间效果都能得到很好的体现。

一、功能设计

1. 功能分区

客厅是家庭成员及外来客人共同的活动空间，在空间条件允许的前提下，需要合理地将会谈、阅读、娱乐等功能区划分开，诸多家具一般贴墙放置，将个人使用的陈设品转移到各自的房间里，腾出客厅空间用于公共活动。同时尽量减少不必要的家具，如整体展示柜、跑步机、钢琴等都可以融到阳台或书房里，或者选购折叠型产品，增加活动空间。

2. 综合运用

客厅功能是综合性的，其中活动也是多种多样的，主要活动内容包括：家庭团聚、视听活动、会客接待。家庭团聚是客厅的核心功能，通过一组沙发或坐椅巧妙地围合，形成一个适宜交流的场所，而且一般位于客厅的几何中心。西方客厅则往往以壁炉为中心展开布置。工作之余，一家人围坐在一起，形成一种亲切而热烈的氛围。客厅兼具功能内容还包括用餐、睡眠、学习等，这些功能在大型客厅不宜划分得过于零散，在小型客厅的中心显得更为突出，也要注意彼此之间的使用距离（见图 9-7）。

3. 围绕核心

客厅是居住空间的核心，可以容纳多种性质的活动，可以形成若干区域空间。在众多区域中必须有一个主要区域，形成客厅的空间核心。通常以视听、会客、聚谈区域为主体，辅以其他区域，形成主次分明的空间布局，而视听、会客、聚谈区往往以一组沙发、坐椅、茶几、电视柜围合而成，再添加装饰地毯、天花、造型与灯具来呼应，达到强化中心感的效果，并让人感到大气（见图 9-8）。

二、空间布置

1.L 型 ($9m^2$)

这种布局方式适合面积较小的客厅空间，选购沙发时要记清楚户型转角的方向。转角沙发可以灵活拆装、分解，变幻成不同的转角形式，容纳更多的家庭成员。此外，电视柜的布局也有讲究，应该以沙发

图 9-7　客厅设计展示 (1)

图 9-8　客厅设计展示 (2)

的中心为准，这样才能满足正常观看的要求 (见图 9-9)。

图 9-9　L 型客厅

2. 标准型 (12m²)

标准的 3 + 2 沙发布局是常见的组合款式，既可以满足观看电视的需要，又可以方便会谈，沙发的体量有大有小。皮质沙发可以配置厚重的箱式茶几，布艺沙发可以配置晶莹透彻的玻璃茶几，木质沙发可以配置框架结构的木质茶几 (见图 9-10)。

图 9-10　标准型客厅

3.U 型 (12m²)

这种半包围的客厅布局方式一般用于成员较多的家庭，日常生活以娱乐为主，布局一旦固定下来就不会再改变。包围严实的布局可卧可躺，别有一番情趣。沙发与电视柜的距离要适当拉开，保证家庭成员能快速入座、快速离开 (见图 9-11)。

图 9-11　U 型客厅

4. 对角型 (12m²)

对角型布置适合特异形态的客厅，在布局整体居住空间时要考虑到客厅的特殊形态。弧形沙发背后的空间设计要得当，可以制作圆弧形隔墙或玻璃隔断，设计成圆弧形吧台，或设计成储藏空间，而对电视柜则就没有那么多要求，最好能直对沙发 (见图 9-12)。

图 9-12　对角型客厅

图 9-13　单边型客厅

图 9-14　周边型客厅

5. 单边型 ($25m^2$)

单边型走道布局适合空间较大的居住空间，侧边走道至少要保证一个人正常通行。沙发最好选用皮质的，体量也应该比较大，受到碰撞后不容易发生移动。如果选用布艺沙发与木质沙发，背后可以放置一个低矮的储物柜或装饰柜（见图 9-13）。

6. 周边型 ($30m^2$)

周边走道的客厅布局一般出现在复式居住空间或别墅里，三面环绕的形式能让人产生唯我独尊的感觉，“看电视”这种起居行为可以被忽略了，取而代之的是大气的背景墙。三面走道空间应该保持宽敞，能满足两人对向而行（见图 9-14）。

三、细节设计

1. 避免交通斜穿

客厅是联系户内各房间的交通枢纽，如何合理地利用客厅，交通流线问题就显得很重要。可以对原有建筑布局进行适当调整，如调整户门的位置，使其尽量集中。还可以利用家具来巧妙围合、分隔空间，以保持各自小功能区域的完整性，如将沙发靠着墙角围合起来，整体空间过小可以提升茶几的高度，使茶几成为餐桌。这样一来，餐厅与客厅融为一体，避免了相互穿插。

2. 相对的隐蔽性

客厅是家人休闲的重要场所，在设计中应尽量避免由于客厅直接与户门或楼梯间相连而造成生活上的不便，破坏居住空间的私密性与客厅的安全感。设计时宜采取一定措施，对客厅与户门之间做必要的视线分隔。玄关隔断是很好的隐蔽道具，但是要占据客厅一定的空间，可以将玄关做成活动的结构，犹如门扇一样，可以适度开启、关闭。

3. 通风防尘

通风是居住空间必不可少的物理因素，良好的通风可使室内环境洁净、清新、有益健康。通风又有自然通风与机械通风之分，在设计中要注意不要因为不合理的隔断而影响自然通风，也要注意不要因为不合理的家具布局而影响机械通风。防尘是客厅的另一物理要求，居住空间中的客厅常直接联系户门，具有玄关的功能，同时又直接联系卧室起过道的作用。因此，连接客厅的门窗边缝要粘贴防尘条。此外，进入或外出要设置换鞋凳，这样才能使家庭成员保持良好的换鞋习惯。

4. 界面设计

由于现代居住空间的层高较低，客厅一般不宜全部吊顶，应该按区域或功能设计局部造型，造型以简洁形式为主。墙面设计是客厅乃至整个居住空间的关键所在，在进行墙面设计时，要从整体风格出发，在充分了解家庭成员的性格、品位、爱好等基础上，结合客厅自身特点进行设计，同时又要抓住重要墙面进行重点装饰。背景墙是很好的创意界面，现代流行简洁的几何造型，凸出与内凹的形体能衬托出客厅的凝重感。地面在材料的选择上可以是玻化砖、木地板，使用时应根据需要，对材料、色彩、质感等因素进行合理地选择，使之与室内整体风格相协调。

第三节 餐厅

餐厅是家人日常进餐并兼作欢宴亲友的活动空间。依据我国的传统习惯，将宴请进餐作为最高礼仪，所以良好的就餐环境十分重要。在面积大的居住空间里，一般有专用的进餐空间。面积小的餐厅常与其他空间结合起来，成为既是进餐的场所，又是家庭酒吧，同时还是休闲或学习的空间。无论采取何种用餐方式，餐厅的位置应居于厨房与客厅之间最佳，这在使用上，可以节约食品的供应时间并缩短就座的交通路线，且易于清洁。对于兼用餐厅的开敞空间环境，为了减少在就餐时对其他活动的视线干扰，常用隔断、滑动墙、折叠门、帷幔、组合餐具橱柜等分隔进餐空间。

一、功能设计

1. 餐厅位置

在环境条件的限制下，可以采用各种灵活的餐厅布局方式，例如，将餐厅设在厨房、门厅或客厅里，能呈现出各自的特点。厨房与餐厅合并能提升上菜速度，能够充分利用空间，只是不能使厨房的烹饪活动受到干扰，也不能破坏进餐的气氛(见图 9-15)。如果客厅或门厅兼餐厅，那么用餐区的布置要以邻接厨房为佳，它可以让家庭成员同时就座进餐并缩短食物供应的线路，同时还能避免食物弄脏环境(见图 9-16)。通过隔断、吧台或绿化来划分餐厅与其他空间是实用性与艺术性兼具的做法，能保持空间的通透性，但是应注意餐厅与其他空间在设计风格上保持协调统一，并且不妨碍交通。

图 9-15 餐厅设计展示 (1)

2. 就餐文化

文化对就餐方式的影响集中体现在就餐家具上，中式餐厅是围绕一个中心共食，这种方式决定了我国多选择正方形或圆形餐桌。西餐的分散自选方式决定了选用长方形或椭圆形的餐桌，为了赶时髦而选用长方形大餐桌并不能满足真正的生活需要。

餐厅的家具布置还与进餐人数和进餐空间大小有关。从坐席方式和进餐尺度上来看，有单面座、折角座、对面座、3 面座、4 面座等；餐桌有长方形、正方形、圆形等，座位有 4 座、6 座、8 座等；餐厅家具主要由餐桌、餐椅、酒柜等组成。在兼用餐厅里，会客部分的沙发背部可以兼作餐厅的隔断，这样的组合形式，餐桌、餐椅部分应尽量简洁，才能使整个空间的家具达到和谐、统一的效果。

二、空间布置

1. 倚墙型 (5 ~ 8m^2)

小面积的餐厅空间很难布置家具，这种类型的空间四周都开有门窗，餐桌的布置很成问题。一般选择宽度较大的墙面作为餐桌的凭靠对象，如果没有合适的墙面，可以将其他门窗封闭，另作开启。靠墙布置时要对墙面作少许装饰，选用硬质材料，以免墙面磨损（见图 9-17）。

图 9-16　餐厅设计展示 (2)

2. 隔间型 (9m^2)

这种布局适合没有餐厅的居住空间，可以在沙发背后布置低矮的装饰柜。餐桌依靠柜体，就餐时还能看电视，可谓一举两得。在客厅里，以往靠墙的沙发现在要挪动至中央，满足餐桌椅的需要，也可以将厨房与客厅之间的墙体拆除，这样能扩大餐桌椅的摆放面积（见图 9-18）。

图 9-17　倚墙型餐厅

图 9-18　隔间型餐厅

3. 岛型 ($10m^2$)

这是一种很标准的餐厅布局形式，当家庭成员坐下后，周边还具备流通空间。这种形式除了要合理布置就餐桌椅外，还要注意防止餐厅空间显得过于空旷，在适当的墙面上要作装饰酒柜或背景墙造型，这样可以体现出餐厅的重要性与居中性(见图 9-19)。

4. 独立型 ($16m^2$)

大户型的餐厅布局很饱满，可以满足不同就餐形式的需求，小型的圆形餐桌可以长期放置在餐厅中央不变，大型桌面需要另外设计储藏区域。在设计这种餐厅的主背景墙的时候要注意朝向，可以依此来判定座位的长幼之分(见图 9-20)。

三、细节设计

现在，人们对餐厅环境要求越来越高，因此，对餐厅的气氛营造非常重要，它主要是通过对餐厅界面的设计细节来完成的。

图 9-19　岛型餐厅

图 9-20　独立型餐厅

1. 顶棚

餐厅是进餐的地方，其主要家具是餐桌。餐厅顶棚设计往往比较丰富而且讲求对称，其几何中心的位置是餐桌，可以借助吊灯的变化来丰富餐厅的环境。顶棚灯池造型讲究围绕一个几何中心，并结合暗设灯槽，形式丰富多样。灯具也可以多种多样，有吊灯、筒灯、射灯、暗槽灯。有时为了烘托用餐的空间气氛，还可以悬挂一些艺术品或饰物。

2. 地面

餐厅的地面要沉稳、厚重，避免华而不实，适宜选择高实用性且易清理的玻化砖、复合木地板，尽量不使用易沾染油腻污物的地毯。除了错层住宅、复式住宅以外，餐厅与厨房之间、餐厅与客厅之间不能存在任何高度的台阶，防止行走时摔跤。

3. 墙面

餐厅墙面设计要注意与家具、灯饰的搭配，突出自己的风格，不可盲目堆砌各种形态。餐厅的墙面装饰除了满足其使用功能之外，还应运用科学技术与艺术手法，创造出功能合理、舒适美观、符合人心理及生理要求的环境。

第四节
厨　　房

厨房在居住空间中属于功能性很强的使用空间，操持着一日三餐的洗切、烹饪、备餐，以及用餐后的洗涤、整理，在家庭生活中具有非常重要的作用。一天之中常有 2 ~ 3h 耽搁在厨房里，厨房操作在家务劳动中较为劳累。由于生活习惯、文化背景的不同，不同民族、不同地区的人们有着不同的饮食习惯，再加上家庭成员数量、户型面积的差异，这使得不同地区的厨房功能有着千差万别的变化。

一、功能设计

1. 空间构成

根据厨房的使用功能，可以将厨房空间分为基本空间与附加空间两大部分。第一部分是基本空间，是指完成厨房烹调等基本工作所需的空间，主要包括操作空间、储藏空间、设备空间、通行空间。操作空间是厨房空间的主要组成部分，其本身又由烹调空间、清洗空间、准备空间三部分组成。烹调空间是进行烹调操作活动的空间，主要集中在灶台；清洗空间是完成蔬菜、餐具洗涤的所需空间，主要集中在洗涤池；准备空间是进行烹调准备、餐前准备、餐后整理及其他活动（如生菜加工、使用微波炉等厨房设备、泡茶、切水果）的空间，主要集中于操作台或备餐台。储藏空间是与厨房有关储藏所需的空间，如冰箱、橱柜、吊柜等。设备空间是指炉灶、洗涤池、抽油烟机、上下水管线、燃气管道以及安装热水器等设备所需的空间。通行空间是指为了不影响厨房操作活动而必需设置的通道等。第二部分是附加空间，包括调节空间与发展空间。其中调节空间要考虑在厨房内聚餐，烹调量的增大及操作人数的增加，使得厨房需要更大的操作空间及辅助空间，这就需要安排相应的调节空间以满足要求。发展空间是留出一定空间为新型厨房设备进入家庭创造条件，有利于厨房的多样化发展。厨房的内部空间一般比较紧凑、狭小，因此需要采用更先进、更复杂的技术手段来满足上述功能。

2. 厨房类型

目前，厨房的空间形式呈现多元化方向发展，封闭式厨房不再是唯一的选择，可以根据需要来选择独立厨房、餐厅厨房、开敞厨房等不同的空间形式。

独立厨房是指与就餐空间分开、单独布置在封闭空间内的厨房形式。在我国，独立厨房一直被人们普遍采用。由于独立厨房采用封闭空间，使厨房的工作不受外界干扰，烹调所产生的油烟、气味及有害气体，也不会污染其他空间。因设备设施比较差而无法保持整洁的厨房，可以利用独立空间，避免杂乱的噪声对其他空间的干扰。独立厨房的墙面面积大，有利于安排较多的储藏空间。但是独立厨房也有难以克服的弱点，特别是面积较小的厨房，操作者长时间在厨房内工作，会感觉单调、有压抑感、易疲劳，且无法与家人、访客进行交流，同时与就餐空间的联系也不方便。

餐厅厨房与独立式厨房一样，均为封闭型空间，所不同的是餐厅厨房的面积比独立式厨房稍大，可以将就餐空间一并布置于厨房空间内（见图 9-21）。餐厅厨房具有独立式厨房的优点，可以避免厨房产生的噪声、油烟及其他有害气体对居住空间的污染。同时因其空间较为宽敞，在一

图 9-21　厨房设计展示 (1)

图 9-22　厨房设计展示 (2)

定程度上也具有开敞式厨房的优点。例如，能减少空间的压抑感和单调感，且不同功能空间可以相互借用，就像餐桌在烹调中兼作备餐台，共用通行面积等，从而达到节省空间的目的。

开敞厨房将小空间变大，将起居、就餐、烹饪三个空间之间的隔墙取消，各空间之间可以相互借用 (见图 9-22)。这种空间设计较大限度地扩大了空间感，使视野开阔、空间流畅，对于面积较小的居住空间，可以达到节省空间的目的，便于家庭成员的交流，从而消除人们的孤独感，有利于形成和谐、愉悦的家庭气氛。

由于家庭人口的变化、生活条件的改善、厨房设备的增加，以及来客频率的变化等，使家庭成员在不同时期有不同的要

图 9-23　一型厨房

求。例如，人口较多的家庭，来客频繁，希望有较大的厨房与正式的餐厅；年纪较大的户主一般与儿女分住，大餐厅的使用频率降低，可以改作它用，而就餐可在厨房中解决。因此要考虑厨房及就餐空间的各种组合方式，根据住房不同阶段的使用性质，使居住空间达到最合理的使用效果。

二、空间布置

1. 一型 ($5m^2$)

一型布置是在厨房一侧布置橱柜设备，边侧的走道一般可以通向另一个空间。一型厨房结构紧凑，能有效地使用烹调所需的空间，以洗涤池为中心，在左右两边作业。但是作业线的总长一定要求控制在 4m 以内，才能产生精巧、便捷的使用效果 (见图 9-23)。

2. 二型 ($6m^2$)

沿两边墙并列布置成走廊状，一边布置水槽、冰箱、烹调台，另一边放配炉灶、餐台。这样能减少来回动作次数，可以重复利用厨房的走道空间，提高空间效率。缺点是炊事流程操作不顺畅，需要做转身的动作，管线的布置也不连贯 (见图 9-24)。

图 9-24　二型厨房

图 9-25　窗台型厨房

3. 窗台型 ($6m^2$)

窗台型厨房是在二型厨房布置的基础上改进而成的，有效利用了厨房的外挑窗台，在窗台上放置炉灶，两边的橱柜能发挥其最大的储藏功能。窗台上放置炉灶能比较方便地进行烹饪操作。如果采光充裕，也可以安装抽油烟机，但是煤气与水电管线不方便布置 (见图 9-25)。

4.L 型 ($7m^2$)

将柜台、器具和设备贴在两面相邻的墙上并连续布置，工作时移动较小，既能方便使用，又能节省空间。L 型厨房不仅适用于开门较多的厨房，同时也适用于厨房兼餐厅的综合空间。但是，当墙面过长时，就略感不够紧凑 (见图 9-26)。

图 9-26　L 型厨房

5.U 型 ($7m^2$)

U 型布置即厨房的三边均布置橱柜，功能分区明显，因为它操作面长，设备布置也比较灵活，随意性很大，行动十分方便。一般适合于面积较大、接近方形的厨房。厨房的开门一般适合推拉门，但是对有服务阳台的厨房来说就有所限制 (见图 9-27)。

图 9-27　U 型厨房

6.T 型 ($8m^2$)

T 型厨房与 U 型厨房相类似，但有一侧不贴墙，从中引出台面，形成 1 个临时餐桌，方便少数成员临时就餐。餐桌可以与橱柜连为一体，也可以独立于中央。

普通橱柜的高度为 800mm，如果连入餐桌，高度应该适当降低，满足就餐的需求 (见图 9-28)。

7. 方岛型 (12m²)

中间的岛柜充当了厨房里几个不同部分的分隔物。通常设置 1 个炉灶或 1 个水槽，或者是两者兼有，在岛柜上还可以布置一些其他的设施，如调配中心，便餐柜台等。这种岛式厨房适合于大空间、大家庭的厨房。中间环绕的走道宽度要保持在 800mm (见图 9-29)。

8. 圆岛型 (16m²)

圆岛型厨房的布局更加华丽，周边橱柜的储藏空间更大，能有效满足烹饪、储藏、劳作等行为的发挥。橱柜的开门外观是弧形的，施工上有一定的难度，一般需要专项设计定作。炉灶与水槽的布局不要因为空间大而显得零散，最终还是要满足正常使用 (见图 9-30)。

图 9-28 T 型厨房

三、细节设计

1. 水、电、气设备

厨房空间内集中了各种管线，使厨房成为设施、工艺程度最复杂的区域。管线设备一般分为水、电、气三大类。①水设施。通过主阀门供水至水池，一般使用 PP-R 管连接，布设时应该安装在容易检查更换的明处，尤其是阀门与接口在安装后一定要加水试压，以防泄露。水池使用后的污水经 PVC 管排入到建筑中预留的下水管道。两种管材应明确区分，不应混合使用。②电设施。厨房内所用的电器设备一般包括照明灯具、微波炉、消毒柜、抽油烟机、冰箱、热水器等，设施门类复杂。在布设电线时应考虑使用频率的高低，分别设置数量不等、型制不同的插座。如水池龙头要供应热水就需要单独连接 PP-R 热水管至热水器，甚至会与卫生间的管道线路相关联。③气设施。厨房内一般使用

图 9-29 方岛型厨房

图 9-30 圆岛型厨房

液化石油气、天然气两种。供气单位所提供的控制表应远离明火，所连接的输气软管应设置妥当，避免燃气泄露发生危险。

2. 采光、通风与照明

厨房的自然采光应该充分利用，一般将水池、操作台等劳动强度大的空间靠近窗户，便于精细操作。在夜间除了吸顶灯的主光源外，还需在操作台上的吊柜下方设置筒灯，配合主光源进行局部照明。

现代厨房由于建筑外观等因素限制，不宜采用外挑式无烟灶台。灶台一般设在贴墙处台面，上部方可挂置抽油烟机，与建筑所配套的烟道相连，解决油烟排放问题。抽油烟机的排烟软管一般从吊顶内侧通入烟道，不占用吊柜储藏空间。橱柜中如果存放瓜果蔬菜等食品，宜采用百页柜门，保持空气流畅以防止食品腐烂变质。

第五节
卫　生　间

卫生间是居住空间中与厨房并列的一个重要功能空间，但是面积一般都比较狭小，设备相对集中，同时要具备通风、采光、防水、保暖等各种条件。除了考虑卫生间本身的功能要求外，还要考虑它与其他空间的关系。由于功能上的特殊性与使用时间的不确定性，使得居住空间中各主要空间都应该尽量与卫生间有直接联系，但是卫生间也要保持一定的独立性。因此，卫生间既要保证使用方便，又要保证具有私密性。

一、功能设计

1. 主要功能

能满足家庭日常生活需求的卫生间其基本功能应包含以下内容。第一，排便，包括大小便、清洗等活动。第二，洗浴，包括洗涤、洗发、更衣等活动。第三，盥洗，包括洗手、洗脸、刷牙、梳头、剃须等活动。第四，家务，包括洗涤衣物、清理卫生、晾晒等内容。第五，储藏，用于收存与卫生间内的活动内容相关的物品等。

现代卫生间除了具备上述基本功能以外，还要根据现代人的生活节奏与新型卫生设备的开发运用，增添许多新的功能，特别是在追求健康性、舒适性方面，如气泡按摩浴缸、多水流的多功能淋浴房、多功能智能型坐便器、小型桑拿浴房间、落地长镜等，逐步成为高档卫生间的必备设施。此外，国外的生活方式逐步引入国内，将阳光与绿意引入卫生间，享受自然，以获得沐浴、梳洗时的舒畅、愉快。总之，现代卫生间已不仅仅具备排便、洗浴等功能，还是驱除疲劳与享受生活的场所。

2. 使用要求

从卫生间的基本功能看，盥洗、排便、洗浴等活动是卫生间的基本功能内容。因此，梳妆空间、排便空间、洗浴空间组成了卫生间的基本空间（见图 9-31）。此外，卫生间中还包括洗衣、清洁等功能，因此，家务空间又成为了卫生间新的组成部分。①尺度要求。要有充裕的活动空间，如进行各种卫生活动的空间。洗衣空间内要有足够的操作空间，设备、设施的设计及安

图 9-31　卫生间设计展示

图 9-32　集中型卫生间

排应符合人体活动尺度。②私密要求。排便与洗浴空间应注意私密性，需要组织过渡空间，避免向餐厅、起居室、客厅之间开门，在有条件的情况下，应该加强与卧室的联系。③保洁要求。卫生洁具等设备、设施的材料及设置要便于清洁，易于打扫，有良好的通风换气条件，有充足的收存空间。④安全要求。防止碰伤、滑倒。如地面材料应防滑，设备转角应圆滑，有些位置应设置扶手等，以保证老人、儿童的安全。电器设备、开关还要求防水、防潮。⑤便利要求。对空间及设备、设施等设计安排，要符合卫生行为模式。⑥愉悦要求。应考虑卫生空间功能的发展所带来的新功能。如可眺望风景、接近自然、听音乐、看电视、按摩、美容、运动等，使身心得到放松。

二、空间布置

1. 集中型 ($4m^2$)

将卫生间内各种功能集中在一起，一般适合面积较小的卫生间，例如，洗脸盆、浴缸、淋浴房、坐 / 蹲便器等分别贴墙放置，保留适当的空间用于开门、通行。这种卫生间的面积至少需要 $4m^2$，卫生间的门可以向外开启，避免内部空间过于局促 (见图 9-32)。

图 9-33　前室型 A 卫生间

2. 前室型 A($6m^2$)

将卫生间分为干、湿两区，外部靠着卫生间门，为盥洗区，中间使用玻璃梭拉门分隔，内部为淋浴间，关闭梭拉门后，内外完全分离，相互不会干扰。这种型制非常普遍，一般用于面积较大的卫生间，主要洁具靠着同一面墙布局，保证有宽裕的流通空间 (见图 9-33)。

3. 前室型 B($6m^2$)

根据个人生活习惯，内部淋浴间可以布置浴缸，并在适当的位置安排储藏柜，放置卫浴用品。这种型制比较卫生，没有多余的水花溅落出来，中间的玻璃梭拉门也可以换成幕帘。前室型的干湿分区已经成为国内居住空间的标准制式（见图9-34）。

4. 分设型 A($12m^2$)

将卫生间中的各主体功能单独设置，分间隔开，如洗脸盆、坐／蹲便器、浴缸、储藏柜分别归类设在不同的单独空间里，减少彼此之间的干扰。分设型卫生间在使用时分工明确、效率高，但是所占据的空间较多，对房型也有特殊要求（见图9-35）。

图9-34 前室型B卫生间

图9-35 分设型A卫生间

5. 分设型 B($15m^2$)

分设型卫生间面积比较大，一般适合别墅，干区是洗手间，中区是洗衣间和便溺间，湿区是淋浴间，分区设计要比开放设计经济，可以满足家庭多个成员同时使用。分设型卫生间门可以集中面向一个方位开设，梭拉门或折扇门都是不错的选择（见图9-36）。

三、细节设计

1. 换气

卫生间的湿度特别高，而且又是封闭空间，所以需要不断补充新鲜空气。新鲜空气是通过窗户、门扇自然换气，同时也要用排气扇来换气。如果将排气扇与照明设为同一电路，洗浴时一开灯，换气扇也就开始工作，这样会很方便。

2. 照明

卫生间面积小，将灯具安装在吊顶上，会造成头顶滴水，同时，蒸汽也会挡住灯光。所以，灯具的安装位置应避开浴缸、淋浴房的顶部。整个卫生间要经常保持明亮，还需要保持充分的光照。$3m^2$ 的小型卫生间可以装上 10 ~ 15W 节能灯，如

图9-36 分设型B卫生间

果户主特别喜欢明亮的感觉，则可以装上30 ~ 40W 的节能灯。另外，注意选购的照明灯具必须是防水、防潮产品。

3. 采光

为家人的健康着想，最好经常沐浴太阳。因此，有窗的卫生间里最好能充分运用光照，获得自然光。如果卫生间里没有灯光，最好选用至少 1 只白炽灯。因为白炽灯照射皮肤的颜色最自然，为了避免白炽灯泡产生蒸汽，也可以安装暖黄色荧光灯。

4. 采暖

现代卫生间中较多使用浴霸、红外暖风机等设备，在我国北方地区，还可以使用电热暖气片、地面水暖等设备。冬季洗浴容易患感冒，特别是对体质较弱的老人与小孩，良好的采暖设备至关重要。因此，针对老人与小孩，最好不只采用一种采暖设备，采暖方式应该更丰富，采暖方向应该全方位。

5. 储藏

卫生间的必备品会使本来不大的空间变得杂乱不堪。要想整齐有序，各种物品所放置的位置应该合理且便于拿取，常用品与不常用品应该分开，备用品可放置在吊柜或低柜中，每天都使用的东西则应固定在专用的位置，放于容易够到的高度。各种物品采取明放与内存结合的方式，牙膏、牙刷、常用化妆品等归放在明处。一些贮备品、易潮品应放在柜内。充分利用小空间，除了脸盆、水桶外，卫浴用品的体积都比较小，因此卫生间的储物柜、板架深度应不小于150mm。注意安全性、防水性与易清扫性，在卫生间内还应设置物品架、置物台等，必须选用防水材料，可以用水清洗。此外，卫生间中的家具、搁架等造型应简洁，以免结垢后不利清扫，玻璃物品应放置在儿童够不着的地方。

第六节
书　　房

书房设计要考虑到朝向、采光、景观、私密性等多项要求，以保证宁静雅致的良好环境。书房多设在采光充足的南向、东南向或西南向，这样书房的采光较好，可以缓解视觉疲劳。

书房是居住空间中私密性较强的空间，是人们基本居住条件中高层次的要求，它给主人提供了一个阅读、书写、工作、密谈的空间，虽然功能较为单一，但对环境的要求却很高。首先要保证安静，其次要有良好的采光与视觉环境，使户主能保持轻松愉快的心情。在日新月异的户型结构中，书房已经成为一种必备要素。在居住空间后期的室内设计和装饰装修阶段，更要对书房的布局、材质、造型、色彩进行认真设计与反复推敲，以创造出一个使用方便、形式美感强的阅读空间。

一、功能设计

1. 书房位置

由于人在书写阅读时需要安静的环境，因此书房应适当偏离活动区，如客厅、餐厅，以避免干扰，同时尽量远离厨房、储藏间等家务用房，以便保持清洁。书房与儿童房也应保持一定的距离，避免喧闹。书房往往与主卧室的位置较为接近，甚至可以将两者以穿套的形式相连接。

2. 书房布局

(1) 与卧室并用的书房。这种书房多用在独生子女家庭。2 室 1 厅的居住空间中有 1 室供子女睡觉，但子女正处在学习阶段，因此需要将这间房当作卧室兼书房。安排好这间既是卧室又是书房的空间，对子女的身心健康大有好处。子女的书房应该布置得整洁简练，既有时代气息，又富有个性。卧床不应临窗横摆，因为孩子一般很粗心，夏天如果忘记关窗，被褥会被雨淋湿，开窗睡觉又易着凉。所以床最好靠一侧墙放置，让子女的头朝外睡，床边还应有矮柜阻挡。柜上可以放置迷你音响，这样早晚听广播或学习英语会很方便。对于未成年子女，书房兼卧室的家具布置又有所不同，例如，儿童的桌子不能太高，一般为 650 ~ 700mm，椅子的坐面高度也相应调整到 350 ~ 400mm，不能用弹簧床，家具应尽量采用圆角。正在读中学的青少年，桌子、椅子高度基本上可与成年人相似，书房内除了床、桌、橱以外应多留些空间给他们活动，并且还要尽可能地为他们的书房兼卧室配置先进的设备。

(2) 家庭办公型书房。随着网络技术的发展，人与人、人与企业之间的信息交流越来越顺畅，而家庭作为社会活动中的一个重要场所，不可避免地成为办公场所的延伸部分，只要家中能提供工作的地方，都可以成为家庭办公室，在不远的将来，在家办公都会成为普遍现实。工作、学习容易让人产生疲劳，书房内的装饰应简洁明快，除了书柜、书桌以外，不宜大面积装饰造型，可以将小块挂画、匾额、玻璃器皿陈列于书柜间隙处，以调节视觉疲劳。窗户采光性良好，在书桌上应配置有长臂可调台灯。墙面色彩以浅蓝、浅绿、淡紫色为宜，让人集中精力阅读思考。家庭办公型书房内还要配置齐全的电器插座，如电源、网线、电话线、音响线、电视线等，方便工作、学习时查阅资料或使用辅助设备（见图 9-37、图 9-38）。

二、空间布置

1. 条型 ($6m^2$)

书桌靠着书房内任何一面墙都能够节省空间，非常适合面积很小的居住空间，

图 9-37　书房设计展示 (1)

图 9-38　书房设计展示 (2)

甚至可以将卧室或客厅隔出半间来做书房。书柜的储藏空间不大，但是可以利用书桌墙面上的隔板，当然，长期不用的图书还是要避免暴露在外部，防止积聚灰尘(见图 9-39)。

2.L 型 ($6m^2$)

转角书桌可以大幅度增加工作空间，一般适合单人使用的专一书房。电脑显示器的背后是墙角，可以设计成隔板，放置一些装饰品，否则长期面对墙角，工作会感到窘迫。转角台面的下方可以设计倾斜抽拉的键盘抽屉，前提是不要影响到其他抽屉、柜门的开启(见图 9-40)。

3. 对角型 ($8m^2$)

书房的面积不大，但是又想让空间变得开阔些，可以将家具都靠边角摆放。此外，还可以将直角家具转化成圆角，柔化空间形态。对角型布置手法适合休闲书房，强调文化与娱乐为一体的生活情调。每件家具的功能并不要求齐全，随意、放松是家居装饰的主题(见图 9-41)。

4.T 型 ($10m^2$)

在贴墙布置的书柜中央突出一张书桌，将书房分隔为两部分。一边为工作区，一边为会谈区。书桌可以选用折叠产品，不用时可收纳，腾出空间增添卧具，将书房改成卧室，扩展了使用功能。书柜的下半部不宜采用玻璃柜门，防止挪动书桌时会破坏藏书(见图 9-42)。

5. 岛型 ($15m^2$)

以书柜为背景墙，书桌放在房间中央，四周环绕过道，最好能设计成地台，

图 9-39　条型书房

图 9-40　L 型书房

图 9-41　对角型书房

图 9-42　T 型书房

图 9-43　岛型书房

图 9-44　会客型书房

给人居高临下的感觉。书柜与书桌的装饰造型要精制、大气、庄重，使用功能全面，一张宽大的书桌能解决所有的工作 (见图 9-43)。

6. 会客型 (25m^2)

对于长期在家办公的人来说，这种布局最适宜不过了。除了岛型书房的功能、形式以外，还增加了会客用的转角沙发，能使主宾之间更好地交流。这种布局需要较大的面积，如果实在无法布置，可以将卧室或客厅与书房对调，将居住空间的使用功能转化为外部办公功能 (见图 9-44)。

三、细节设计

1. 职业特征

书房的布置形式与使用者的职业有关，不同的职业会造就不同的工作方式与生活习惯，应该具体问题具体分析。有的特殊职业，除阅读以外，书房还应具有工作室的特征，因而必须设置较大的操作台面。同时书房的布置形式与空间有关，这里包括空间形状、大小、门窗位置等。

2. 气氛营造

书房是一个工作空间，但绝不等同于一般的办公室，它要和整个家居的气氛相和谐，同时，又要巧妙地应用色彩、材质变化以及绿化等手段，来创造出一个宁静温馨的工作环境。在家具布置上，它不必像办公室那样整齐干净，而要根据使用者的工作习惯来布置家具及设施，乃至艺术品，以体现主人的品位、个性。

3. 降低噪音

书房是学习和工作的场所，相对来说要求安静，因为人在嘈杂的环境中工作效率要比安静环境中低得多。所以在装修书房时要选用那些隔音、吸音效果好的装饰材料。顶面可以采用吸音石膏板吊顶，墙壁可采用 PVC 吸音板或软包装饰布等装饰，地面可以采用吸音效果佳的地毯，窗帘要选择较厚的面料，以阻隔窗外的噪音。

第七节
卧　　室

卧室是居住空间中完全属于使用者的私密空间，纯粹的卧室是睡眠与更衣的空间，由于每个人的生活习惯不同，会产生读书、看报、看电视、上网、健身、喝茶等不同的行为。卧室可以划分为睡眠、梳妆、储藏、视听四个基本区域，在条件允许的情况下可以增加单独卫生间、健身活动区等附属区域。

一、功能设计

1. 睡眠区

主卧室是户主睡眠、休息的空间。在装饰设计上要体现主人的需求和个性，高度的私密性与安全感是主卧室设计的基本要求(见图 9–45)。主卧室的睡眠区可分为两种形式，即共享型与独立型。共享型就是共享一个公共空间，进行睡眠休息等活动，家具可以根据主人的生活习惯来选择。独立型则以同一区域的两个独立空间来满足双方的睡眠与休息，尽量减少相互干扰。

2. 休闲区

主卧室的休闲区，是在卧室内满足主人视听、阅读、思考等休闲活动的区域。在布置时，可以根据户主的具体要求选择适宜的空间区位，配以家具与必要的设备，如小型沙发、靠椅、茶几等(见图 9–46)。

3. 梳妆区

主卧室的梳妆活动包括美容与更衣两部分，一般以美容为中心的都以梳妆台为主要设备，可以按照空间的情况及个人喜好，分别采用活动式、嵌入式的家具形式。更衣也是卧室活动的组成部分，在居住条件允许的情况下，可以设置独立的更衣区，并与美容区位置相结合。在空间受限制时，还应该在适宜的位置上设置简单的更衣区域。

4. 储藏区

主卧室的储藏多以衣物、被褥为主，一般嵌入式的壁柜系统较为理想，这样有利于加强卧室的储藏功能，也可以根据实际需要，设置容量与功能较完善的其他储藏家具。在现代高标准居住空间内，主卧室往往设有专用卫生间，专用卫生间不仅保证了主人卫浴活动的私密性，而且也为美容、更衣、储藏提供了便利。主卧室还可以配置与墙体为一整体的衣柜，用作衣物储藏，内部布置折叠镜面，可作梳妆或穿衣用。

二、空间布置

1. 倚墙型 ($9m^2$)

将床靠着墙边摆放可以实现卧室空间的最大化利用，墙边可以贴壁纸或软木装饰。床体可以放在地台上，显得更有档次，

图 9–45 卧室设计展示 (1)

图 9–46 卧室设计展示 (2)

床尾处最好留条走道，能方便上床、下床。卧室里剩余的空间可以随心所欲地设置，如大体量衣柜、梳妆台、书桌、电视柜等(见图 9-47)。

2. 倚窗型 ($9m^2$)

床头对着窗台，使空间显得更端庄，很适合面积小而功能独立的主卧室。阳光通过窗户直射到被褥上，可以起到杀菌消毒的作用，能有效保障主卧室的卫生环境。床正对着衣柜，可以在衣柜中放置电视机，但是衣柜的储藏空间会受到影响(见图 9-48)。

3. 标准型 ($12m^2$)

大多数主卧室希望在一间房中摆放很多家具，同时又不显得拥挤。采用这种布局，卧室面积应不小于 $12m^2$，否则就不能容纳更多的辅助家具。床正对着电视柜，它们之间需要保留至少 0.5m 宽的走道，沙发或躺椅可以随意选配(见图 9-49)。

4. 倚角型 ($12m^2$)

圆床比较适合放置在主卧室的墙角，极力地减少占地面积，然而床头柜的摆放就成问题了，可以利用圆床与墙角间的空隙来制作一个顶角床头柜。同时，圆床也可以放置在地台上，注意其他家具不要打破圆床的环绕形态，地台的边角部位要注意柔和处理(见图 9-50)。

5. 套间型 ($26m^2$)

对于房间数量充足的户型，可以将相邻两间房的隔墙拆掉，扩大主卧室面积，设计成套间的形式，其中一侧作为睡眠区，另一侧作为休闲区，两区之间可以设置梭

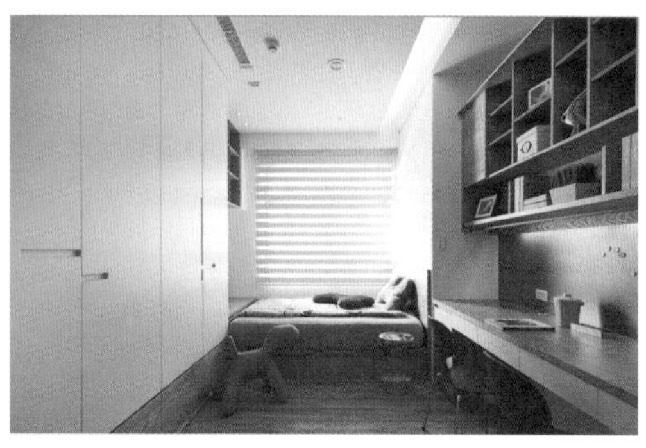

图 9-47　倚墙型卧室

图 9-48　倚窗型卧室

图 9-49　标准型卧室

图 9-50　倚角型卧室

图 9-51 套间型卧室

图 9-52 卧室墙面材料

拉门或遮光幕帘来区分(见图 9-51)。

三、细节设计

1. 色彩搭配

主卧室的用色一般使用淡雅别致的色彩，如乳白、淡黄、粉红、淡蓝等色调，可以创造出宁静、柔和的气氛。局部也可以用一些较醒目的颜色，例如，在淡黄基调上用赭褐、粉紫色或黑色作点缀，乳白基调的局部可配以朱红、翠绿、橘黄等色。卧室灯光不宜过于明亮，尽可能使用调光开关或间接照明，避免躺在床上时感到有眩光，以能创造和谐、朦胧、宁静的气氛为佳。同时，灯光的色彩应注意与室内色彩的基调相协调。

2. 材料选用

卧室墙面一般选用壁纸、壁毯、软包、木材等手感舒适的材料(见图 9-52)。地面可铺设地毯或木地板。这些装饰材料具有吸音、防潮的特性，而且色彩、质感与卧室的使用功能较为协调。主卧室虽然可以设置镜面，但是不要正对窗户，以免产生大面积反光，影响正常睡眠。

第八节 阳台与户外空间

在一个居住空间中，最接近大自然的空间就是阳台。以前常将阳台等同于杂物间、晾衣间，在封阳台盛行之后，阳台又成为一个小房间。随着居住环境的改善，阳台终于恢复了本来面目，真正成为人们接触自然、享受生活的地方。阳台既可以观赏自然景色，呼吸新鲜空气，养花栽木，锻炼身体，还可以洗衣晾物，为家居生活创造了许多便利。

一、功能设计

阳台较常见的形式有开敞式阳台与封闭式阳台两种。

1. 开敞式阳台

开敞式阳台主要用来作为健身休闲、绿化景观、晾晒衣物、放置杂物的空间(见图 9-53)。

2. 封闭式阳台

封闭式阳台一般与客厅、卧室或书房相连，扩展室内空间，甚至作为封闭的卫生间、厨房、书房来使用(见图 9-54)。

二、空间布置

1. 标准型 ($3m^2$)

标准型阳台一般呈悬挑结构，不宜放置重物。洗衣机的布置要接近排水口，如果距离实在太远，也可以在阳台地面边角处安装排水管道，与门槛台阶平行。如果需要储藏空间，一般考虑安装高度在 900mm 以下的储藏柜，储藏柜地面悬空（见图 9-55）。

2. 圆弧型 ($4m^2$)

圆弧型阳台一般也呈悬挑结构，外形美观，而且加大了使用面积，可以沿着外围地面铺设鹅卵石，布置小盆装的绿化植物，使阳台空间显得更加精致、美观。中央圆弧造型可以铺设花色丰富的地面砖，洗衣机和储藏柜不宜过大，不要破坏圆弧阳台的完整性（见图 9-56）。

3. 曲线型 ($5m^2$)

曲线型阳台实际上是将一个完整的圆弧阳台一分为二，相邻两个户型各占一半，中间设有承重隔墙，属于半悬挑阳台。如果是高层住宅，可以沿着隔墙布置休闲座椅，零星点缀绿化植物，使之形成一个大气的观景空间，一家人可以在阳台上远眺、品茶（见图 9-57）。

4. 转角型 ($8m^2$)

转角型阳台一般适用于东西朝向的户型，接受日照的时间比较长，洗衣机和储藏柜应避开阳光照射。向阳方向比较适合观花类植物的生长，可以适当点缀。同时，也可以封闭一部分阳台空间，与室内相结合，既能扩大使用面积，又能规整阳台的空间形态（见图 9-58）。

图 9-53 开敞式阳台

图 9-54 封闭式阳台

图 9-55 标准型阳台

图 9-56　圆弧型阳台

图 9-57　曲线型阳台

图 9-58　转角型阳台

三、细节设计

1. 地面铺设

阳台与房间地面铺设一致，恰当地延伸了室内空间，可以起到扩大空间的效果。集合式公寓的阳台不能随意改变，尽量保持其统一的外观。阳台可以铺设仿古砖或鹅卵石，不宜铺地板。如果阳台朝南，长期受太阳暴晒，雨借风势渗入窗内，会使地板褪色、开裂，很不美观，但是可以在背阴处选择实木板，并且做好顶面防雨设施。

图 9-59　阳台防水设计

2. 防水处理

设计阳台要注意防水处理，尤其是水池的大小要合适，排水要顺畅；门窗的密封性与稳固性要好，防水框向外；阳台地面的防水要确保地面有坡度，低的一边为排水口，阳台与客厅的高差应不小于 10mm。如果阳台用作厨房、卫生间或室内造景，还要特别注意排水问题，因为处理不好就会出现积水、漏水等问题（见图 9-59）。

3. 建筑结构

阳台的设计受限制于建筑结构。阳台的装修改建不能超载使用。阳台与居室之间的墙体一般属于承重墙，在建筑的受力结构承受范围之内，才可拆除。外挑阳台的底板承载力为 300 ~ 400kg/m^2，要合理放置物品，如果重量超过了设计承载能力，就会降低阳台的安全系数。此外，装修阳台时，严禁改变横梁的受力性质，不要任意增加阳台地面的铺设材料，尤其是铺贴大理石、花岗岩等厚重的石材。此外，阳台栏杆一般以金属结构和钢筋水泥结构为主，栏杆的高度在 1100mm 左右，要求高于成人身体重心的高度，栏栅间距应小于 120mm，高层住宅的阳台可以在栏杆外围安装钢丝隐形防护网，以确保安全。

4. 门窗构造

在装修客厅与阳台的过程中，想扩大客厅的面积，通常将客厅通向阳台的门装修成敞开式，到晚上主要靠窗帘来隔离，但是保暖或防晒要做得十分到位，否则到了冬天坐在客厅里看电视会感到很冷，夏天太阳直晒又太热。因此，安装开启方便、视野开阔、造型美观的门窗十分必要。

阳台的封窗材料多种多样，如铝合金、塑钢、无框玻璃等，形式上有开启式和平移式两种，无论何种封窗形式都要考虑足够的透光、通风、耐晒、耐腐、牢固、安全、便利等特性（见图 9-60）。如果阳台需要安装防雨篷，要注意不破坏原有墙体，以免造成渗漏。雨篷与墙面之间留有缝隙，挡不住瓢泼大雨的浇注，必须填注泡沫胶。此外，要重视阳台的通风与采光，吊顶有葡萄架吊顶、彩绘玻璃吊顶、装饰假梁等多种做法，但不能影响阳台的通风和采光，过低的吊顶会产生空间压迫感。

5. 绿化配置

花卉盆景要合理安排，既要使各种绿色植物都能充分吸收到阳光，又要便于浇水。常用的种植的方法有自然式（见图 9-61）、镶嵌式、垂挂式、阶梯式。阳台在平面布置上，分别安排与客厅或卧室相连的生活阳台和与厨房相连的服务阳台。靠客厅或卧室的生活阳台一般朝南布置，面积较大，为 4 ~ 6m^2，功能以休闲为主；与厨房相连的服务阳台一般朝北布置，配合厨房家务使用，面积较小，为 2 ~ 4m^2。

图 9-60　阳台封窗设计

图 9-61　阳台绿化设计

第九节　案例分析：大户型居住空间设计案例

大户型住宅有着更大的设计空间，可以容纳更多的设计风格。作为后现代主义混搭风格，在美观舒适的条件下，可以采用任何风格进行设计。比如这个 146m^2 大户型住宅设计案例，它的客厅采用的是后现代风格，家庭影院配合闪亮的背景墙，再加上现代设计挂钟，给人一种简约舒适的感觉。而转到阳台，又是一种中国古典风格，古色古香的桌椅配上一个藤式吊椅，给人一种身处自然，闲云野鹤的感觉。回到餐厅，餐厅是典型的现代主义风格，一个欧式展示柜将卧室与餐厅隔断，现代风格的桌椅配合浪漫的玻璃吊灯，有种干净清爽的韵味。来到书房，东南亚风格的氛围加上现代风格的桌椅，让人在享受生活中也不会忘记工作。进入主卧，一种典型的现代中式风格扑面而来，砖红色磨砂墙纸有一种厚重的感觉，古典中式梳妆台加上木质地板让人回归恬静，折中型卫生间用纯玻璃式效果隔离，隐约中带着浪漫的色彩。次卧用卡通白色墙纸营造出童话式氛围，各种卡通玩偶将童趣表达出来，一扇大平开凸窗不仅有很好的采光效果，还给予孩子更多的活动空间。

总体而言，这个设计融入了多种风格类型，却不显冲突。在一个室内空间可以享受到多种舒适体验，不同风格又各成一个空间，让人的心情时时带有惊喜，这是一个非常成功的大户型设计案例（见图 9-62 ~ 图 9-75）。

图 9-62　后现代风格客厅

图 9-63　客厅植物

图 9-64　客厅装饰

图 9-65　古典中式家具

图 9-62 ~ 图 9-64，混搭型客厅不仅带有现代风格的简约，又让人感受到欧式的高贵与自由，现代风格的挂钟给人以新奇的感受，绿色植物带来清新的体验。

图 9-65 ~ 图 9-67，古色古香的阳台给人一种归隐山林的感受，清新自然，日式挂灯不仅有着照明效果，也给古典中式风格带来一丝异域风情。

图 9-68 ~ 图 9-69，现代风格餐厅干净清爽，玻璃吊灯加上卡通挂饰让整个环境都有种浪漫的感觉。

图 9-70 ~ 图 9-71，砖红色风格的卧室让人有种厚重踏实的感觉，后现代风格挂灯的幽幽灯光没有刺眼的感觉，使人能有更好的睡眠质量。

图 9-72 ~ 图 9-73，卡通壁纸让次卧充满了童话气息，使孩子可以更好地进行玩耍活动。

图 9-74，玻璃型卫生间有种朦胧美，充满了浪漫气氛。

图 9-75，现代风格的门厅让人进门就感受到了整个居室的大气，围合式门厅很好地做到了空间分隔，阶梯让人有种空间转换的感受，增大了空间感。

图 9-66　日式挂灯

图 9-67　古典花篮

图 9-68　现代主义风格餐厅

图 9-69　现代风格挂灯

图 9-70　现代中式风格卧室

图 9-71 后现代风格挂灯

图 9-72 现代风格次卧

图 9-74 折中型卫生间

图 9-73 卡通玩偶装饰

图 9-75 现代风格门厅

本／章／小／结

本章通过对具体的门厅、客厅、餐厅、厨房、卫生间、书房、卧室、阳台与户外空间的具体分析讲述了居住空间的功能区设计。作为设计师，在设计过程中，可不拘泥于具体使用空间的划分，可以向空间立体分割方向发展，利用空间的不同不同高差隔出不同的功能区域，大大提高空间的利用率。

思考与练习

1. 客厅的细节设计有哪些？

2. 独立型卫生间与折中型卫生间有哪些特点？

3. 封闭式阳台有哪些优缺点？

4. 现代主义风格居住空间设计适合使用哪种风格的厨房？

5. 对于白色系卧室，你认为该怎样设计？

参考文献

References

[1] (西班牙)阿瑞安・穆斯特迪. URBAN HOUSES 城市住宅空间设计[M]. 北京：中国林业出版社，2007.

[2] (美)马克・詹森，哈尔・戈德斯坦，史蒂文・斯库罗. 商业空间与住宅设计[M]. 桂林：广西师范大学出版社，2016.

[3] (日)X-Knowledge. 住宅设计解剖书：舒适空间规划魔法[M]. 南京：江苏科学技术出版社，2015.

[4] (日)本间至. 居住空间设计图解[M]. 北京：中国青年出版社，2015.

[5] 许秀平. 室内软装设计项目教程[M]. 北京：人民邮电出版社，2016.

[6] 胡仁禄，周燕珉. 居住建筑设计原理[M]. 2版. 北京：中国建筑工业出版社，2014.

[7] 冯信群，陈波. 住宅室内空间设计艺术[M]. 南昌：江西美术出版社，2002.

[8] 汤重熹. 室内设计[M]. 2版. 北京：高等教育出版社，2008.

[9] 饶平山，吴巍. 室内设计与工程基础[M]. 武汉：湖北美术出版社，2004.

[10] 金珏，潘永刚，李杰. 室内设计与装饰[M]. 重庆：重庆大学出版社，2001.

[11] 肖然，周小又. 世界室内设计：住宅空间[M]. 南京：江苏人民出版社，2011.

[12] 高钰，孙耀龙，李新天. 居住空间室内设计速查手册[M]. 北京：机械工业出版社，2009.